中国古代服饰

李楠 编著

中国商业出版社

图书在版编目（CIP）数据

中国古代服饰／李楠编著． -- 北京：中国商业出版社，2014.12（2021.1 重印）
ISBN 978 - 7 - 5044 - 8592 - 2

Ⅰ. ①中… Ⅱ. ①李… Ⅲ. ①服饰 - 历史 - 中国 - 古代 Ⅳ. ①TS941.742.2

中国版本图书馆 CIP 数据核字（2014）第 299242 号

责任编辑：刘洪涛

中国商业出版社出版发行
010 - 63180647　www.c - cbook.com
（100053 北京广安门内报国寺 1 号）
新华书店经销
三河市吉祥印务有限公司印刷
*
710 毫米×1000 毫米　16 开　12.5 印张　200 千字
2015 年 1 月第 1 版　2021 年 1 月第 2 次印刷
定价：25.00 元
* * * *
（如有印装质量问题可更换）

《中国传统民俗文化》编委

序　言

　　中国是举世闻名的文明古国，在漫长的历史发展过程中，勤劳智慧的中国人，创造了丰富多彩、绚丽多姿的文化，可以说人创造了文化，文化创造了人。这些经过锤炼和沉淀的古代传统文化，凝聚着华夏各族人民的性格、精神和智慧，是中华民族相互认同的标志和纽带，在人类文化的百花园中摇曳生姿，展现着自己独特的风采，对人类文化的多样性发展作出了巨大贡献。中国传统民俗文化内容广博，风格独特，深深地吸引着世界人民的眼光。

　　正因如此，我们必须深入学习贯彻党的十八届三中全会精神，按照中央的要求，加强文化建设。2006 年 5 月，时任浙江省委书记习近平同志就已提出："文化通过传承为社会进步发挥基础作用，文化会促进或制约经济乃至整个社会的发展。"又说，"文化的力量最终可以转化为物质的力量，文化的软实力最终可以转化为经济的硬实力"。(《浙江文化研究工程成果文库总序》)2014 年他去山东考察时，再次强调：中华民族伟大复兴，需要以中华文化发展繁荣为条件。

　　学习习近平同志的重要讲话，确可体会到，在政治、经济、军事、社会和自然要素之中，文化是协调各个要素协同发展、相关耦合的关键。正因如此，我们应该对华夏民族文化进行广阔、全面的检视。我们应该唤醒我们民族的集体记忆，复兴我们民族的伟大精神，发展和繁荣中华民族的优秀文化，为我们民族在强国之路上阔步前行创设先决条件。

实现民族文化的复兴，必须传承中华文化的优秀传统。现代的中国人，特别是年轻人，对传统文化十分感兴趣，蕴含感情。但当下也有人对具体典籍、历史事实不甚了解。比如，中国是书法大国，谈起书法，有些人或许只知道些书法大家如王羲之、柳公权等的名字，知道《兰亭集序》是千古书法珍品，仅此而已。再如，我们都知道中国是闻名于世的瓷器大国，中国的瓷器令西方人叹为观止，中国也因此获得了"瓷器之国"（英语 china 的另一义即为瓷器）的美誉。然而关于瓷器的由来、形制的演变、纹饰的演化、烧制等瓷器文化的内涵，就知之甚少了。中国还是武术大国，然而国人的武术知识，或许更多来源于一部部精彩的武侠影视作品，对于真正的武术文化，我们就难以窥其堂奥了。我国还是崇尚玉文化的国度，我们的祖先发现了这种"温润而有光泽的美石"，并赋予了这种冰冷的自然物以鲜活的生命力和文化性格，如"君子当温润如玉"，女子应"冰清玉洁""守身如玉"；"玉有五德"，即"仁""义""智""勇""洁"等。今天，熟悉这些玉文化内涵的国人，也为数不多了。

也许正有鉴于此，有忧于此，近年来，已有不少有志之士，开始了复兴中国传统文化的努力之路，读经热开始风靡海峡两岸，不少孩童乃至成人，开始重拾经典，在故纸旧书中品味古人的智慧，发现古文化历久弥新的魅力。电视讲坛里一拨又一拨对古文化的讲述，也吸引着数以万计的人，重新审视古文化的价值。现在放在读者面前的这套"中国传统民俗文化"丛书，也是这一努力的又一体现。我们现在确实应注重研究成果的学术价值和应用价值，充分发挥其认识世界、传承文化、创新理论、咨政育人的重要作用。

中国的传统文化内容博大，体系庞杂，该如何下手，如何呈现？这套丛书处理得可谓系统性强，别具心思。编者分别按物质文化、制度文化、精神文化等方面来分门别类地进行组织编写，例如在物质文化层面，就有中国古代酒具、中国古代农具、中国古代青铜器、中国古代钱币、中国古代石刻、中国古代木雕、中国古代建筑、中国古代砖瓦、中国古代玉器、中国古代陶器、中国古代漆器、中国古代桥梁等；在精神文化层面，就有中国古代书法、中国古代绘画、中国古代音乐、中国古代艺术、中国古代篆刻、中国古代家训、中国古代戏曲、中国古代版画等；在制度文化层面，就有中国古代科举、中国古代官制、中国古代教育、中国古代军队、中国古代法律等。

此外，在历史的发展长河中，中国各行各业还涌现出一大批杰出人物，至今闪耀着夺目的光辉，以启迪后人，示范来者。对此，这套丛书也给予了应有的重视，中国古代名将、中国古代名相、中国古代名帝、中国古代文人、中国古代高僧等，就是这方面的体现。

生活在 21 世纪的我们，或许对古人的生活颇感兴趣，他们的吃穿住用如何？如何过节？如何安排婚丧嫁娶？如何交通出行？孩子如何玩耍等。这些饶有兴趣的内容，这套"中国传统民俗文化丛书"都有所涉猎，如中国古代婚姻、中国古代丧葬、中国古代节日、中国古代风俗、中国古代礼仪、中国古代饮食、中国古代交通、中国古代家具、中国古代玩具、中国古代鞋帽等，这些书籍介绍的都是人们颇感兴趣，平时却无从知晓的内容。

在经济生活层面，这套丛书安排了中国古代农业、中国古代纺织、中国古代经济、中国古代贸易、中国古代水利、中国古代车马、中国古代赋税等内容，足以勾勒出古代人经济生活的主要内容，让今人得以窥见自己祖先的经济生活情状。

在物质遗存方面，这套丛书则选择了中国古镇、中国古楼、中国古寺、中国古陵墓、中国古塔、中国古战场、中国古村落、中国古街、中国古代宫殿、中国古代城墙、中国古关等内容。相信读罢这些书，喜欢中国古代物质遗存的读者，已经能掌握这一领域的大多数知识了。

除了上述内容外，其实还有很多难以归类却饶有兴趣的内容，如中国古代乞丐这样的社会史内容，也许有助于我们深入了解这些古代社会底层民众的真实生活情状，走出武侠小说家加诸在他们身上的虚幻的丐帮色彩，还原他们的本来面目，加深我们对历史真实性的了解。继承和发扬中华民族几千年创造的优秀文化和民族精神是我们责无旁贷的历史责任。

　　不难看出，单就内容所涵盖的范围广度来说，有物质遗产，有非物质遗产，还有国粹。这套丛书无疑当得起"中国传统文化的百科全书"的美誉了。这套丛书还邀约了大批相关的专家、教授参与并指导了稿件的编写工作。应当指出的是，这套丛书在写作过程中，既钩稽、爬梳大量古代文化文献典籍，又参照近人与今人的研究成果，将宏观把握与微观考察相结合。在论述、阐释中，既注意重点突出，又着重于论证层次清晰，从多角度、多层面对文化现象与发展加以考察。这套丛书的出版，有助于我们走进古人的世界，了解他们的美好生活，去回望我们来时的路。学史使人明智，历史的回眸，有助于我们汲取古人的智慧，借历史的明灯，照亮未来的路，为我们中华民族的伟大崛起添砖加瓦。

　　是为序。

傅璇琮

2014 年 2 月 8 日

前　言

　　服饰是人类文明的标志，是人类文化的重要体现。在中华民族五千年的文明史中，服饰不断地发展、演变，从中反映出各历史时期政治、经济、民族、文化等丰富社会内涵，以及物质文明与精神文明的综合水平。从某种意义上说，一部民族的服饰历史，就是这个民族的发展史。

　　服饰是人类特有的劳动成果，它既是物质文明的结晶，又具精神文明的含义。人类社会经蒙昧、野蛮到文明时代，缓缓地行进了几十万年。我们的祖先在与猿猴相别以后，披着兽皮与树叶，在风雨中徘徊难以计数的岁月，终于艰难地跨进了文明时代的门槛，懂得了遮身暖体，创造出又一个物质文明。然而，追求美是人的天性，衣冠于人，如金装在佛，其作用不仅在遮身暖体，更具有美化的功能。几乎是从服饰起源的那天起，人们就已将生活习俗、审美情趣、色彩爱好，以及种种文化心态、宗教观念，都积淀于服饰之中，构筑成了服饰文化精神文明内涵。中国古代服装是指中国古代的各种衣裳、冠帽、鞋袜等服装，在世界上自成一系，其结构与款式随着生产与生活方式的发展而逐渐变化。中国服饰如同中国文化，是各民族互相渗透及影响而生成的。汉唐以来，尤其是近代以后，大量吸纳与融合了世界各民族外来文化的优秀结晶，才得以演化成整体的以汉族为主体的中国服饰文化。

从三皇五帝到明朝这一段时期汉民族所穿的服装，被称为汉服。汉服是汉民族传承千年的传统民族服装，是最能体现汉族特色的服装，从三皇五帝到明代的几千年时间里，汉民族凭借自己的智慧，创造了绚丽多彩的汉服文化，发展形成了具有汉民族自己独特特色的服装体系——汉服体系。博大精深、体系完备、悠久美丽的汉服，是中国不可多得的一大财富，是非常值得每一个炎黄子孙引以为自豪的。中国传统民族服饰基本上是以华夏族服饰为参考，在日常生活中又添加了体现自己民族心理素质，及在特定的社会生活及自然环境中形成，符合民族的生活习惯和审美意识。其民族特征主要表现于服装的造型、款式、色彩、材料和服饰件等方面。

为什么我们人类祖先的服装和佩饰会如此简单粗糙，而我们今天却那样丰富多彩？我国的服饰又是怎样由原始萌芽状态逐渐发展成熟起来的？我国历朝历代的服饰又是怎样的？有哪些主要形制和特点？为什么我国会享有"衣冠王国"的美誉？本书作者一一为您解答了这些疑问。本书系统地讲述了我国历代服饰的发展特点和艺术风格，与你一起了解中国服饰那多样的款式、独特的风采、鲜明的色泽和精湛的工艺以及中华服饰文化的底蕴。通过对古代服装的研究，可以认识历代人物的风貌。

目录

第二章　先秦时期的服饰

第五章　元明时期的中国服饰

第六章　清代的服饰

古代服饰概述

　　中国古代，宫廷服饰、官员服饰、民间服饰与妇女服饰，形式多样，种类繁复，因时而异。这些服饰所蕴含的文化特性、显现的文化品质，是中国古代服饰文化宝库中的珍品，成为历代民间世象百态中最具特色、最为生动、最有影响、最显活力的重要组成部分，并予后世深远影响。

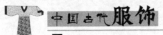

第一节
古代帝王服饰

 不同凡响的"真龙天子"

纵观中国古代改朝换代的历史，每当新皇帝登基，都会千方百计地在自己的出身上大做文章。

皇帝，即天子也。天子在中国是人间的主宰，他既代表上天的意志，又主宰人间的生灵。所以皇帝的形象一定要与其至高无上的地位相匹配。

比如，汉高祖刘邦起兵造反前，不过是秦朝一个小小的亭长，但登基后便为自己的身世杜撰了这样一段神话：刘邦的母亲一次在大湖边睡着了，梦中与蛇相遇。此时，电闪雷鸣，乌云翻滚，刘邦的父亲发现天气骤变，急忙往湖边跑去，猛然看到有一只蛟龙附在他妻子的身上。此后，妻子怀孕，生下刘邦，也就是日后的汉高祖。

又如明太祖朱元璋。一本叫作《天潢玉牒》的书是这样讲的：在朱元璋还没出生时，有一天，朱元璋的母亲陈氏在麦场坐着，这时候从西北方向来了一个道士，长着长胡子，头戴簪冠，身穿红服，手拿象简。道士坐在麦场中，用象简在手中拨弄白丸。陈氏好奇地索要大丹，一不留神，竟然情不自禁地把它吞了下去。她吞下大丹后，那个道士却忽然不见了。不久，陈氏就生了一个男孩，就是朱元璋。传说朱元璋出生的时候，自东南飘来一股白气，贯穿房屋，奇特的香味弥漫在整个屋子里，历经一夜都没有散去。

类似的神话不胜枚举，其目的就是为了证明：皇帝不是凡胎俗子，而是凌驾于世人之上的"真龙天子"。

千年不变的龙袍

既然是"真龙天子",不仅要有不同于凡人的形象,还得有龙廷、龙座、龙床、龙袍等超越常人的服饰。中国从奴隶社会到封建社会几千年,有关皇帝的一套礼仪模式延续不变。就连终止了中国两千多年冠服制度的清朝,虽然坚守本民族的服饰,但皇帝的服饰仍然采取了十二章纹饰的"传统式样"。这说明中华民族对皇帝的认识已经形成了一个固定的形象模式。

龙袍

知识链接

十二章纹饰

十二章纹饰包括:日、月、星辰、山、龙、华虫、宗彝、藻、火、粉米、黼、黻。分列左肩为日,右肩为月,前身上有黼、绂,下有宗彝、藻,后身上有星辰、山、龙、华虫,下有火、粉米。十二章纹饰发展历经数千年,每一章纹饰都有取义,"日月星辰取其照临也;山取其镇也;龙取其变也;华虫取其文也,会绘也;宗彝取其孝也;藻取其洁也;火取其明也;粉米取其养也;黼若斧形,取其断也;黻为两己相背,取其辩也。"(见第5页图)也就是说:日、月、星辰代表三光照耀,象征着帝王皇恩浩荡,普照四方。山,代表着帝王的稳重性格,象征帝王能治理四方水土。龙,是一种神兽,变化多端,象征帝王们善于审时度势的处理国家的大事和对人民的教诲。华虫,通常围为一只雉鸡,象征王者要"文采昭著"。宗彝,是古代祭祀的一种器物,通常是一对,绣虎纹和蜼纹,象征帝王忠、孝的美德

藻，则象征皇帝的品行冰清玉洁。火，象征帝王处理政务光明磊落，火炎向上也有率士群黎向归上命之意。粉米，就是白米，象征着皇帝给养着人民，安邦治国，重视农桑。黼，为斧头形状，象征皇帝做事干练果敢。黻，为两个己字相背，代表着帝王能明辨是非，知错就改的美德。总之，这十二章包含了至善至美的帝德，象征皇帝是大地的主宰，其权力"如天地之大，万物涵复载之中，如日月之明，八方圆照临之内"。

谈到古代帝王的服饰，就不能不说古代的服饰制度，因为古代帝王的正式服饰与服饰制度具有密切的关系：服饰制度一旦制定，皇帝至尊身份所需要穿戴的具有特殊标记的服饰也就得以确立；而所有的服饰制度又都受到帝王服饰的制约，必须参照这一至尊服饰的式样，遵循不得僭越犯上的原则制定的。

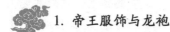 **帝王龙袍冠冕形制的确立**

身穿龙袍的古代帝王

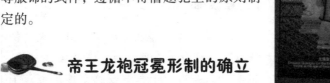 1. 帝王服饰与龙袍

最初具备形制的帝王服饰现已无实物可考，但有关记载却可见于先秦典籍。记载先秦职官与各种典章制度的儒家经典《周礼·春官·司服》记载：

司服的职责：掌理王者的吉凶衣服，辨别这些礼服的名称种类及其用场。天子参加吉礼吉事的礼服有：祭祀昊天上帝，穿着大裘戴冕，祭祀五帝也是一样。祭享先王，服着衮服头戴冕；祭享先公，招待宾客，举行大射礼服着鷩服头戴冕；祭享山川，服着毳服头戴冕；祭祀社稷、五祀，服着希服头戴冕；祭群小祀，服着玄服头戴冕。凡有兵事，服着韦弁服，视朝，服着皮弁服，田猎，服着冠弁服，有丧事，着服弁服，有吊事，着弁绖服。

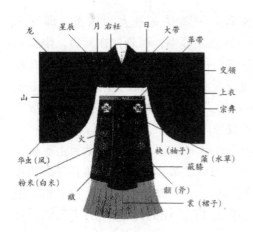

古代大裘样式

依据古代学者郑玄等人的解释：大裘是天子祭天之服，玄衣缥裳，玄是黑色，缥是兼有赤黄之色，玄衣即黑色面料的上衣，缥裳即赤黄色的下裳。上衣绘有日、月、星、山、龙、华虫等六章，类似今天的手绘服装，是画工用笔墨颜料画在布上的；下裳则用绣，有宗彝、藻、火、粉米、黼、黻等六章，共十二章，这就是十二章纹样的来历。

周代以前，帝王服饰绘绣以上所述的十二章花纹。到了周代，因旌旗上有日、月、星的图案，服饰上也就不再重复，变十二章为九章。纹饰次序，以龙为首，龙、山、华虫、火、宗彝是画的；藻、粉米、黼、黻是绣的。

历代龙袍均遵循这一基本样式，几千年来未有大的变化，"龙袍"实际上成了古代中国人一个特定的传统服装模式。清代的服饰制度在中国服饰发展史上是最庞杂、繁缛的，但是清代的龙袍制作工艺之精湛、用料之考究、艺术价值之高，都是前朝帝王服饰无法比拟的。清代的龙袍可谓是中华服饰中最精湛、最华丽的工艺美术极品。

 2. 万国衣冠拜冕旒

帝王的冕冠形制是在周代确立的。

冕，《说文》的解释是："大夫以上冠也，邃延垂旒纩。"这里的"延"，又写作"埏"，是处于冕冠顶部的一块长方形的冕板。"邃"本意是深远，这里指冕板的长形，覆盖在头上。"旒"又写作"瑬"，是"延"的前沿挂着的一串串小圆珠玉，称作"冕旒"。冕冠两侧各有一孔，用以穿插玉笄，以便与发髻拴结，又在笄的一端，系上一根丝带，从颔下绕过，再系于笄的另一

十二章纹饰

端，用以固定冕冠。在两耳处，又各垂下一颗蚕豆般大的珠玉，即称作"纩"，也有叫"充耳"的。充耳并不直接塞入耳中，而悬挂在耳边，走起路来悠悠晃动，意在提醒戴冠者不要轻信谗言——成语"充耳不闻"即由此而来。冕旒垂挂下来挡住眼睛的视线，也有类似含义，意在提醒戴冠者不必去看那些不该看的东西，——成语"视而不见"即由此而来。这些都十分形象地体现了"非礼勿听，非礼勿视"的礼仪原则。

周代时，天子、诸侯、大夫着冠均可采用"冕旒"，只是在数目上有所区分，天子的冕冠悬有十二条冕旒，其他人要依次减少。但后来随着等级的森严、礼制的规范，便只有帝王才能戴冕有旒，"冕旒"也就成了帝王的专用品，甚至成了帝王的代称。唐代诗人王维就写有这样的诗句："九天阊阖开宫殿，万国衣冠拜冕旒。"

3. 其他配饰与规制

帝王服饰除冕旒、玄衣、缥裳外，还有韨、革带、大带、佩绶、舄等附件。韨即芾，也有叫作"蔽膝"的，因为最早形成的是遮蔽前身的衣服，所以后来把蔽膝放在冕服上，以表示不忘古制之见，牵系于革带上面垂盖于膝前；革带二寸见宽，用以系韨，后面系绶；大带，用以束腰的四寸宽的大腰带；佩绶即所佩的丝带；舄，即鞋子。古代凡用作礼服的鞋子，都可称其为"履"，诸履之中，又以舄为贵。

皇帝专用服饰的式样、颜色均有严格的规定，但周代以后各个朝代也有所变化。秦汉时为玄衣缥裳，到汉武帝时改正朔，易服色，服色尚黄。隋朝时帝王百官均穿黄袍，从唐朝开始，赤黄色为帝王专用服饰颜色。皇帝龙袍定为黄色的规定，一直延续到清朝灭亡止，有一千多年的历史。"黄袍加身"，就意味着登上了帝位。

帝王服饰无论如何变化，但万变不离其宗，均朝着更尊严、更豪华、更特殊、更能显示等级的方向发展。

乾隆皇帝

知识链接

洪秀全龙袍改射眼

洪秀全在起兵造反之前，曾借上帝及耶稣之口，把"龙"比作"魔鬼"、"妖怪"和"东海老蛟"。成事之后，他自己却又穿起了龙袍，于是对外解释说，自己穿的龙袍上的龙纹是"射眼"之龙，就是在画龙的时候，将一只龙的眼圈放大，眼珠缩小，另外一只比例正常，两道眉毛用不同颜色，并宣布凡是射了眼的龙纹，都是宝贝金龙。公元1853年以后，索性取消了射眼的规定，亲自下诏令称："今后天国天朝所刻之龙尽是宝贝金龙，不用射眼也。"现在南京太平天国纪念馆里的唯一一件太平军马褂上，就保存有射眼的痕迹。

第二节
古代官员服饰

在古代服饰制度中，官服不但是最为庞杂的服饰之一，而且也最能体现封建社会尊卑有序、等级森严的社会特征，因此，它也是最能代表中国礼仪文化特色的服饰。

文武百官的制服

在西周时，百官服饰就已经有了严格的等级差别，不同的官职品位对应不同种类形制的官服。《周礼·司服》对此有详细规定："上公的礼服，自衮冕以下和王者的衣服相同；侯伯的服制，自鷩冕以下和上公的礼服相同；侯爵、伯爵的礼服，自鷩冕以下和天子的相同；子爵、男爵的礼服，自毳冕以下和侯爵、伯爵的相同；孤的礼服，自希冕以下与子爵、男爵的相同；卿大夫的服制，自玄冕以下和孤礼服相同，丧服加大功和小功；士的服制，自皮弁以下，和大夫的礼服相同，其丧服除了斩衰、齐衰、大功、小功以外，另加缌麻。"

秦汉以后，百官服制日趋烦琐，至隋唐大致完备。其中官服颜色最可体现官职品位的高低，服色甚至成为官职的代名词。

官服分颜色从唐朝开始：三品以上紫袍，佩金鱼袋；五品以上绯袍，佩银鱼袋；六品以下绿袍，无鱼袋。官吏有职务高而品级低的，仍按照原品服色。如任宰相而不到三品的，其官衔中必带"赐紫金鱼袋"的字样；州的长官刺史，亦不拘品级，都穿绯袍。以后又进一步确定：文武官员三品以上穿紫色官服，四品穿深绯色，五品穿浅绯色，六品穿深绿色，七品穿浅绿色，八品穿深青色，九品穿浅青色。这种服色制度，到清代被废除，只在帽顶及补服上区别品级。

朱元璋建立了明朝后，官员的服饰制度达到了最完备、最繁缛的地步。明代给每级官员都设计了一种动物图案作标志，把它绣在两块正方形的绵缎上，官员常服的前胸后背各缀一块，这种就是补子，这种官服就叫补服。据《明会典》记载，洪武二十四年（1391 年）规定，补子图案：公、侯、驸马、伯：麒麟、白泽；文官绣禽，以示文明：一品仙鹤，二品锦鸡，三品孔雀，四品云雁，五品白鹇，六品鹭鸶，七品鸂鶒，八品黄鹂，九品鹌鹑；武官绣兽，以示

古代官服

威猛：一品、二品狮子，三品、四品虎豹，五品熊罴，六品、七品彪，八品犀牛，九品海马；杂职：练鹊；风宪官：獬豸。除此之外，还有补子图案为蟒、斗牛等题材的，应归属于明代的"赐服"类。

清代官服原则上都是蓝色，只在庆典时可用绛色；外褂在平时都是红青色，素服时：改用黑色。

清代文一品官补子——仙鹤

清规定禁穿明代衣冠（汉人服饰）但明代的补子为清代继续沿用，图案内容大体一致，各品级略有区别，通常是，文官：一品鹤，二品锦鸡、三品孔雀，四品雁，五品白鹇，六品鹭鸶，七品鸂鶒，八品鹌鹑，九品练雀；武官：一品麒麟，二品狮，三品豹，四品虎，五品熊，六品彪，七品、八品犀牛，九品海马。另外，御史与谏官均为獬豸。

明清官员所用补子都是以方补的形式出现的，与明代相比，清代的补子相对较小，前后成对，但前片一般是对开的，后片则为一整片，主要原因是清代补服为外褂，形制是对襟的原因。一般清代官服以顶戴花翎显示其不同的身份和地位。官服中的礼冠名目繁多，有朝冠、吉服冠、常服冠、行冠、雨冠等。男子的服饰以长袍马褂最为流行。

知识链接

称岳父为"泰山"的由来

今人称岳父为"泰山"，却不知"泰山"一词的源起也同官服颜色有关。据唐人段成式《酉阳杂俎》中记载：唐玄宗李隆基于开元十四年（726年）到泰山举行祭拜天地的大典，丞相张说担任封禅使，顺便把他的女婿

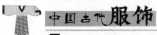
郑镒也带去了。按照旧例，随皇帝参加封禅后，丞相以下官员可以升一级，郑镒本为九品官，张说利用职权，一下子便把他的乘龙快婿连升四级，升作五品。唐代八、九品官穿浅青色或青色官服，五品官穿浅绯色官服。唐玄宗在宴会上看到郑镒的官服突然换了颜色，诧异地问他缘故，郑镒支支吾吾，尴尬地不知如何回答。此时，玄宗身边那位擅长讽刺滑稽的宫廷艺人黄幡绰替他回答说："此泰山之力也！"妙语双关，唐玄宗心照不宣，此事才算蒙混过关。

古代官员佩饰

在人类拥有第一件衣服之前，恐怕就有了第一串项链，这些用兽齿、鱼骨、贝壳、石块串起来的项链，使人类形成了最早的装饰观念。

当然，远古人类佩戴饰物，并不仅仅是为了装饰，它更多的是勇敢的象征，光荣的标志；也或许是避邪的镇物、信心的寄托；甚至是狩猎或捕鱼丰收的庆贺。

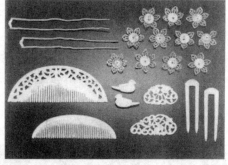

白玉、金发饰（反山良渚文化墓地出土）

随着人类的进化和文明的起源，佩饰渐渐地由习惯向规范方面变化，逐步地分为"德佩"和"事佩"两大类。前者指佩玉，后者指佩手巾、小刀、钻火石等生活用品。古人对佩玉非常重视，玉也因此成了最重要的佩饰，究其原因，在于古人赋予玉以一种神秘的道德色彩。

 1. 佩玉

玉器最早出现于七八千年之前。玉作为非实用性的生产工具和专用礼仪制品，标志着以等级为核心的礼制的开始，象征着持有者的特殊权力和身份。

在古代，佩玉是一种礼仪，更是身份的标志。

西周时统治者即对贵族百官士人的佩玉作了严格的规定。《礼记·玉藻》"古之君子必佩玉。""君子无故，玉不去身。"专门记述各种佩玉礼制：君子必须佩玉，行动起来可以发出悦耳的叮咚声；凡是衣外系带，带上必有佩玉；无故不得摘去佩玉。古代佩玉的方式，是在外衣腰的两侧各佩一套。每套佩玉都用丝线串联，上端是"珩"（衡），这是一种弧形的玉；珩的两端各悬着一枚"璜"，这是半圆形的玉；中间缀有两片玉，叫"琚"和"璃"；两璜之间悬着一枚玉，叫"冲牙"。走起路来，冲牙与两璜相撞击，发出有节奏的叮咚之声，铿锵悦耳。玉声一乱，说明走路人乱了节奏，有失礼仪。

以佩玉显示佩玉者的身份和地位，在《礼记·玉藻》中也有详细规定：帝王佩戴用玄色素色丝串联的白玉，公侯佩戴用红色丝绳串联的山玄玉，大夫佩戴用素色丝绳串联的水苍玉，世子佩戴文杂色丝绳串联的瑜玉，士人佩戴赤黄丝绳孺玟玉。"孔子佩象环五寸而綦组绶。"可见，古代是用佩玉的质地和串玉丝绳的颜色来辨识等级。

2. 笏板

笏是百官朝见皇帝时所执的手板，用于记事。大臣执笏向天子奏事，入朝前后则将笏插在朝服的大带上。笏的用处因官阶大小而异，其质地、形制早在周代时就有严格规定。周代时不但百官朝见皇帝要执笏，儿子事奉父母也要执笏。《礼记·内则》中规定：公鸡鸣啼、天亮晨起后，儿子要戴冠穿衣，将笏插入腰带中，去拜见父母。父母若有吩咐，即刻记在笏上，以免过时遗忘。作为一种礼仪，虽然侍奉的对象不同，但实质是相同的。

汉以后，"笏"礼更重，也被称作"手板"。谒见长官时，下属也要求执板，表示尊敬。晋见上官时，不许垂臂执板，必须双手执板至鼻间高度，毕恭毕敬地作鞠躬状，这才合

笏

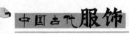
乎上尊下卑的礼仪，否则，就有丢官的危险。

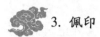

3. 佩印

官吏佩印，始于战国，止于隋唐。周朝官吏只有符节不见官印，而战国时为六国之相的苏秦曾佩六国相印，天子也常常佩印。至汉朝时，佩印成为制度，官印实际上已经成为权力的象征和身份的标志。汉代皇帝都身佩天子之玺，作为帝王权力的象征。百官也要佩印，而且官职一旦任免须即刻交印。

按照制度，官印必须随身携带，印章装在皮制的鞶囊里，然后悬挂在腰间的绶带上，因此又称佩印绶。印绶是汉代官服上区别官阶高低的一个重要标志：诸侯王是金玺绿绶；相国和丞相先是金印紫绶，以后也改为绿绶；太师、太保、太傅、太尉及左右将军俱是金印紫绶；御史大夫是银印青绶；俸禄二千石以下、六百石以上的官员用铜印黑绶；六百石以下、二百石以上的官员用铜印黄绶。绶带不仅在颜色上因官有别，而且在编织的稀密上也因职而异。

4. 佩鱼

前面提到，唐宋时，除以官服颜色辨识官阶品位高低外，"佩鱼"也是重要的辨识标志。唐时，凡五品以上官员盛放鱼符，都发给鱼袋，以便系佩在腰间。宋时不用鱼符，只留鱼袋。宋时官服也承袭唐制，不同品位以不同服色区别。凡服色为紫色或绯色者，都要加佩鱼袋，鱼袋上用金或银饰为鱼形。

知识链接

朝珠

清代官服中的朝珠也很有特色。这是清代品官悬于胸前的饰物，形制同于念珠，其数一百零八粒，以珊瑚、琥珀等物加工而成。凡文官五品、武官四品以上及京堂、军机处、翰詹、科道、侍卫、礼部、国子监、太常寺、光禄寺、鸿胪寺所属官员，都可佩戴。妇女悬挂朝珠者必须是公主、福晋以下五品官命妇以上。除此之外，只有乾隆时特别恩准翰林官可以戴朝珠。朝珠既是官服标志，又是贵族官僚的奢侈品，一挂朝珠就值几千两银子，甚至万两银子。朝珠还有标志官员就职于某些部门的作用，像内廷行走人员就不分等级都可佩戴。

古代官员的腰带

古时衣服没有纽扣，为了使衣襟不散开，便以带束腰，所以古时"服皆有带"，这可以一直追溯到秦汉以前的殷商周三代。封建社会的服饰制度形成以后，腰带也成了区别尊卑的一个标志，这在官服中表现得也十分明显。

按装饰材质区分，官员腰带、有金带、玉带、犀带、银带、鍮石带、铜铁带之别，即以金玉等物装饰，而并非通体金玉制成的腰带。各个朝代对官服腰带的质地、形制均有不同规定。如《新唐书·车服志》载："其后以紫为三品之服，金玉带，銙十三；绯为四品之服，金带，銙十一；浅绯为五品之服，金带，銙十；深绿为六品之服，浅绿为七品之服，皆银带，銙九；深青为八品之服，浅青为九品之服，皆鍮石带，銙八；黄为流外官或庶人之服，铜铁带，銙七。"其中"銙"指腰带上的饰物，其质料和数目随官员的大小高低而不同。"銙"的质料，在宋代因等级差别分别更多，有玉、金、银、犀、铜、铁、角、石、墨玉之类。銙的形状，以方形为主，也有圆形。

古代官服腰带的形制与今天腰带不同，一般分前后两条：一条钻有圆

元代玉带（江苏苏州盘门外吴门桥元墓出土）

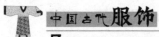
孔，借此穿插扣针，两端又以金银为饰，名叫"铊尾"；另外一条缀有一排并列的饰片，名"铐"。佩戴时，铐的一面佩在腰的后背，而且两端的铊尾必须朝下，以表示对皇帝的顺从臣服。

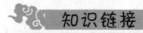

王仲行三易其带

宋朝百官的束带制度执行得十分严格。孝宗朝时，吏部尚书王仲行被罢职后，被调往外地，王仲行是三品以上的高官，自然系金带佩鱼，他在离开京城之前，去朝廷阁部辞行。门卫见他依旧金带佩鱼，认为不合制度，拒之门外。王仲行忍气吞声，解下佩鱼，门卫仍不买账。无奈何，又将金带换成红带，还是不行。最后只得换成皂带，才得勉强放行。

清代服饰尤重佩饰。男子身上佩服挂件，清初时还只有二三种，后来愈见繁多，以至于一串串地挂在腰间，有香荷包、扇套、眼镜盒、烟袋、火镰甚至割肉吃的刀叉，等等。皇帝也时常赏赐一些佩饰给下属官僚，官僚也借此炫耀。

清代任何一位大臣一旦离开朝廷出差外省时，都必须按规定在腰带上另外拴上两根白色丝带，这两根带上各绣有一个字，就是"忠"和"孝"，故称之为忠孝带，意在提醒大臣，人虽在外，心却永远忠实于朝廷皇上。在两根忠孝带的尾端，还联结有两只小小的荷包。由于朝廷对这些荷包的式样并非统一规定，所以它成为贵族官僚们夸富耀奇的物件。其颜色斑斓，式样奇巧，是真正的装饰品，并没有什么实用价值。官服上的腰带用蓝色丝线组成，十分耀眼夺目。奇巧在于联系腰带的扣子，它也同荷包一样，朝廷没有统一规定，是大臣们显示富贵财势的一个标志。金扣、银扣、铜扣往往为低级官员所用，财大气粗的高官则不惜工本，用上好的翡翠甚至外国金器制成，一副扣子价值常在千两银子之上。

古代命妇服饰

所谓命妇，是指受到封建王朝诰封的古代皇室及百官贵族妇女。按照封建制度的规定，丈夫为官，夫人即为"命妇"，而命妇自有一套服饰，必须按规定穿着装扮。

按《周礼·天官疏》载："命妇有内外之分：内命妇即三夫人以下，古代天子，后立六宫，三夫人，九嫔，二十七世妇，八十一御女。三夫人亦分主六宫之事，三夫人以下则如九嫔等；外命妇如三公夫人、孤、卿、大夫之妻即是。"

古代命妇的服饰在历朝的服饰制度中都有详尽规定。周朝时宫内设有"内司服"一职，专门掌理王后的衣服以及辨别内外命妇的服色。凡有祭祀和招待宾客时，负责供应王后和九嫔世妇内外命妇等贵族妇女应当穿着的衣服。

纵览历朝的命妇服饰制度，可以看出两大特点：一是内命妇服饰以皇后为尊。依照嫔妃与皇帝本人的亲疏远近关系按等级顺序变化，她们与皇后相比，都必须显示出等而下之的尊卑之分；二是外命妇服饰也按品阶等级变化，而且变化远比内命妇服饰复杂。汉代时佩不同绶带。魏晋南北朝后，或衣料、或首饰、或花冠、或发型、或式样、或衣色、或绣纹、或图案，分出等级秩序。清代命妇服制定得直截了当，简明扼要：命妇服饰各依其夫。另有金约、领约、采帨、朝裙、朝珠等制度，各按其品。内外命妇根据其夫及子之品受封，不同封号标志不同的品位，而不同的品位又穿着具有严格规定的服饰。

古代宫廷命妇的霞帔

第三节
古代平民服饰

禁忌与限制下的平民服饰

在中国古代，各行各业各种身份的人必须各穿其衣。平民服饰在大前提上不可僭越贵族服饰，在小前提上又不可僭越各种行业的服饰，也就是三教九流，各有其服，就像我们今天的各种行业制服。

宋代，不但由朝廷下文明确规定平民服色、装饰、衣料等方面的禁忌，而且详细规定了各行各业的服饰，不得逾越。宋代笔记小说《东京梦华录》记载北宋京都汴京的民情风俗，十分详尽。其中记载：

又有小儿着白虔布衫，青花手巾，挟白磁缸子卖辣菜……其士、农、工、商、诸行百户衣装，各有本色，不敢越外……香铺里香人，即顶帽披背。质库掌事，即着皂衫角带不顶帽之类。街市行人便认得是何色目……

即使是乞丐，也有特殊衣着，甚至媒婆也分等级而有不同装束："上等戴盖头，著紫背子；中等戴冠子，黄色髻背子，或只系裙。手把青凉伞儿，皆两人同行。"在《宣和遗事》一书中，也有关于北宋时汴梁各阶层人士的衣装打扮的记述。如富贵人家纨绔子弟的衣着为"丫顶背，带头巾，率地长背子，宽口裤，侧面

古代平民服饰

丝鞋，吴绫袜，销金裹肚"。秀才儒生为"把一领皂褙穿着，上面著一领紫道服，系一领红丝吕公绦，头戴唐巾，脚下穿一双乌靴"。寺僧行童为"墨色布衣"，汴梁巡兵装束为"腿系着粗布行缠，身穿着鸦青衲袄。轻弓短箭，手执著闷棍，腰挂着镘刀"。

人之贵贱衣帽分

古代穷人多穿褐衣。褐是用粗麻和兽毛混纺织成的布料。这种布料制成的衣服，质地粗糙，厚重但不暖，而且毫无美观可言，与贵族穿的轻暖华丽的狐皮裘衣恰成鲜明对比。古代史料诗歌中，"毛褐""短褐""被褐"指的都是当时下等人的衣着，代指农夫、平民。

知识链接

释褐

古代新进士及第后授官为"释褐"，所以"释褐"也是古代做官的代名词。意思是说脱去布衣而穿官服，从此也就不是普通老百姓而是官了。《太平广记》中的《崔朴》一文，叹尽仕途曲折、难以升迁之苦，其中有句说："崔瑁及第后，五任不离释褐。"意思是说崔瑁中了进士后，五次任命都没有超出刚考中时所授的官，所以心情郁闷，长叹命运多舛。唐朝科举考试制度规定，考中进士者"赐进士及第"，但并不等于得了官位，还必须经过礼部考试。取人的标准有四条：一是身，要生得体貌丰伟；二是言，说话要言辞辨正；三是书，写字要楷法遒美；四是判，要得文理优长。这一关必须通过，进士才有官做，故称"释褐试"，意思是及格后可以换穿官服。

从现存的古代服饰实物及图画上看，平民服饰与贵族服饰有天壤之别，其中著名的宋代张择端所画《清明上河图》最能说明问题。从图中看，凡是

古代服饰

体力劳动者，都有一个共同之处，就是衣短不及膝盖，或者刚刚过膝，头巾也比较随便，甚至有椎髻露顶者，脚下一般穿麻鞋或草鞋。从历代《耕织图》中也可看出农民的装束特征。南宋《耕织图》中可见下田的农夫穿对襟短衣、背心，裤管高挽至大腿，赤脚挑担；另有一农妇也下田劳动，她裤管低挽，露出赤足，衣袖也短至肘弯之上，类似于今天的短袖衣衫，同贵妇人长袖长裙截然不同。清初刻《康熙耕织图》中对农夫的刻画更为详细，或扶犁、或耕田、或施粪、或收割、或挑担、或掌秤，其中服饰衣装已同今日农民下田干活时的衣装区别不大，都是十分朴素的短打扮，以便于劳作。图中农妇虽穿长裙，但绝无花纹图案，头巾也显得简陋。

　　古代劳动人民衣着朴素，并非仅仅为了劳作方便，它同时也是受到了统治阶级的法令限制。宋代因与东北契丹战争失利，为求和妥协，不惜以厚礼巨款进贡。为此，在国内加强了对人民的剥削，使得人民日益贫困，明显影响了平民的服饰。男子衣饰已是越来越短，头巾甚至已经无法保持一定式样了。尽管如此，统治者仍屡屡下诏对平民庶人的服饰提出种种限制。比如，时而规定平民只能穿粗白麻布衣，穿黑衣还必须得到特殊的允许；时而规定职务低下的小公务员、平民、商人、杂技艺人都一律只能穿黑白二色，不能穿杂彩丝绸，等等。

精美华丽的印花织品在封建社会中几乎都只流行于上层社会。平民一是穿不起，二是不准穿。宋代规定：印花布只许做官服、军服，禁止平民庶人服用。明代平民同元代一样，衣服只许穿暗褐色。

特殊的商人服饰

商人自古以来都是一个十分特殊的阶层，他们的服饰特征总在阶级差别的鲜明界线边游移不定，时贵时贱，时而华丽时而简朴，时而受朝廷禁令限制，时而又无视等级有所僭越，其根本原因还在于统治者"重农抑商"的政策的推行。"无商不奸"是古人心目中根深蒂固的一个观念。汉代统治者对商人就采取抑制的态度，汉高祖刘邦最坚决。他大力推行重农抑商政策，下令商人不准穿锦绣等织品，并要商人缴很重的税，以促使流民归附土地。此后历代王朝都有禁令，严厉地将商人的穿戴限制在平民庶人的服饰之内。明太祖朱元璋甚至下令："农衣绸、纱、绢、布。商贾上衣绢、布。农家有一人为商贾者，亦不得衣绸、纱。"从法令上看，商人的地位甚至还不如农民。

可是，社会上的事又常常不以统治者的意愿为转移，政策一松，法制禁令就没有了约束力，商人立刻衣饰华丽，宝马金车，挥金如土。所以，历朝多有大臣屡屡上奏皇帝，说商人衣饰奢侈，僭越等级，要求严厉惩处，以正礼法。到了清末，商人可以用钱捐个官当，这也就表示了统治阶层对商人的一种妥协，一种无可奈何的默认。

古代传统丧服中的观念

中国封建社会是由父系家族组成的社会，以父宗为重。其亲属范围包括自高祖以下的男系后裔及其配偶，即自高祖至玄孙的九个世代，通常称为本宗九族。在此范围内的亲属，包括直系亲属和旁系亲属，为有服亲属，死为服丧。亲者服重，疏者服轻，依次递减。最早的丧服礼仪在《仪礼》中已经有比较完整的体现，五服按照血缘关系适用于与死者亲疏远近的不同的亲属，每一种都有特定的居丧服饰、居丧时间和行为限制。两千年来，汉族的孝服虽然有传承和变异，但仍然保持了原有的定制，基本上分为五等，即：斩衰、齐衰、大功、小功、缌麻。

第一等叫"斩衰"，是五服中最重要的一种。"衰"是指丧服中披于胸前的上衣，下衣则叫作裳。斩衰上衣下裳都用最粗的生麻布制成，左右衣旁和下边不缝，使断处外露，以表示未经修饰，所以叫作斩衰。凡诸侯为天子、臣为君、男子及未嫁女为父母、媳对公婆、承重孙对祖父母、妻对夫，都要穿斩衰。

次等孝服叫作"齐衰"，是用本色粗生麻布制成的。自此制以下的孝衣，凡剪断处均可以收边。孙子、孙女为其祖父、祖母穿孝服；重子、重女为其曾祖父、曾祖母穿孝服；为高祖父、高祖母穿孝服，均遵"齐衰"的礼制。孙子孝帽子上钉红棉球，长孙钉一个，次孙钉两个；余者类推。孙子媳妇带三花包头，插一小红福字。未出嫁、且未梳头的孙女用长孝带子在头上围一宽衰，结于头后，余头下垂脊背，头上亦插一小红福字。孙子、孙女的孝袍子肩上钉有红布一块，有的剪成蝙蝠，有的剪成其他图案。按亡人性别，男左女右，谓之"钉红儿"。重孙子孝帽子上钉粉红棉球，亦长孙钉一个，次孙钉两个；余者类推。孝袍在肩上钉有红布两块，亦男左女右，谓之"钉双补丁儿"。元孙肩上钉三个"钉丁儿"。

"大功"是轻于"齐衰"的丧服，是用熟麻布制作的，质料比"齐衰"用料稍细。为伯叔父母，为堂兄弟、未嫁的堂姐妹，已嫁的姑、姐妹，以及已嫁女为母亲、伯叔父、兄弟服丧，都要穿这种"大功"丧服。

"小功"是轻于"大功"的丧服，是用较细的熟麻布制作的。这种丧服是为从祖父母、堂伯叔父母，未嫁祖姑、堂姑，已嫁堂姐妹、兄弟之妻，从堂兄弟、未嫁从堂姐妹，和为外祖父母、母舅、母姨等服丧而穿的。

最轻的孝服是"缌麻"，是用稍细的熟布做成的。现在大多用漂白的布做成，称为"漂孝"。凡为曾祖父母、族伯父母、族兄弟姐妹、未嫁族姐妹，和外姓中为表兄弟、岳父母穿孝都用这个档次。

传统礼仪是根据丧服的质料和穿丧服的时间长短，来体现血缘关系的尊与卑、亲与疏的差异的。

五服之外，古代还有一种更轻的服丧方式，叫"袒免"。在史籍中记载：朋友之间，如果亲自前去奔丧，在灵堂或殡葬时也要披麻；如果在他乡，那就"袒免"就可以了。袒，是袒露左肩；免，指不戴冠，用布带缚髻。

到了近现代的时候，中国的丧葬习俗受到西方的影响，丧服有了很大改变。通常是在告别死者、悼念亡魂时，左胸别一朵小黄花，左臂围一块黑纱。有些妇女死了亲人在发际插一朵白绒花。这些象征的致哀方式，比起古代丧服，要简化得多了。

总之，祭祀活动中的祭服以及丧葬礼仪中的丧服，都远远地超越了服饰自身的实用功能，从而成为一种礼仪、一种标志、一种制度的体现、一种精神的载体。它们都深深地包含了中国文化中家庭宗法观念与国家封建权力结构等多方面的深刻含义，成为中国几千年封建社会所产生的文化符号。换言之，作为文化符号的意义即是古代祭服与丧服的重要意义。

 知识链接

古代丧服的特点

1. 尊崇祖先。丧服中的最高规格是给予直系祖辈的，即"父亲"的角色。这标志着"父亲"在家庭中的重要地位，晚辈也借此形式表示对祖辈的崇拜与敬仰。

2. 尊卑有别。丧服的规格是根据死者在家庭中的宗法地位而定的，地位越高，家庭成员为之服丧的丧服就越高，而服丧者的宗法地位也影响到丧服的规格。如嫡系长子与庶出子女的地位悬殊，同是为亲祖父服丧，嫡孙可服斩衰三年，而庶子的子女只能服齐衰不杖期。庶子之子在祖父死后，甚至无权为亲祖母（祖父之妻）服丧。可见，丧服的等级也是家庭宗法地位的标志，以此也可看出国家丧服制度的渊源。

3. 内外亲疏有别。这源于家庭法制。直系祖孙辈的丧服规格比旁系都要高一、二等。一亲一疏、一内一外恰好体现出两层意思：既以服丧强调封建家庭之间的和睦关系，又以此区别内外主次，以便维系封建家庭权力结构的稳定性。

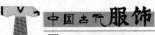
4. 男尊女卑。这一观念在丧服中有充分的表现。它时刻在提醒人们：夫妇如君臣，尊卑之礼不可僭越。早在秦代以前，《仪礼·丧服传》中就明确规定："夫者，妻之天也，妇人不贰斩者，犹日不贰天也。"意思就是说，妻子不为两个人穿斩衰的丧服，就像没有两个天一样。一句话，夫为妻纲。可见中国古代妇女在人格尊严和社会地位上，都要受男性夫权的压迫。

第四节
古代鞋袜与头巾束额

古代鞋制的演变

古代的鞋有屦、履、舃、屩、屐、鞵等名称。鞋履二字都出现得较晚。履即屦，分别用草、麻、皮制成，战国以前，"皆言屦，不言履"。直到战国之后，屦才通称为履。鞋字出现得更晚些，最早见于南朝梁顾野王的《玉篇》，是鞵的异体字。

周代时，随着国家政体与服饰制度的建立，人的衣饰不但逐步规范化，而且正式纳入礼仪的范畴。周朝廷就专门设有名为"屦人"的官职，他的职责就是掌理国王和王后各种衣服颜色所应搭配穿的鞋子，制作赤舃、黑舃、素屦、葛屦以及舃屦上的装饰，辨别外内命妇的命屦、功屦、散屦，凡四时的祭祀，各按照尊卑等级穿着礼仪规定穿着的鞋子。

古代鞋子

舄为双底鞋，以革为底，以木为重底，类似于今天的胶底鞋，可以走湿泥地而不透水。不过，鞋面多用绸缎制成。诸履之中，舄是最为尊贵的，它是专用于同朝服、祭服相配的。周天子的舄分三种颜色：白、黑、赤。赤舄最为尊贵，因为"赤者盛阳之色，表阳明之义"。皇后的舄也有三种颜色：赤、青、元。其中以元色最为尊贵，因为"元者正阴之色，表幽音之义"。所以，在礼节最隆重的场合，天子穿赤舄，皇后穿元舄。依此类推，什么时候，什么场合，什么人，应该穿什么鞋，均有一整套严格的穿鞋规矩。

知识链接

登堂入室脱鞋袜

周代凡登堂入室，都必须把鞋子脱在户外。这不仅同古人席地而坐有关，而且与礼节有关。大臣见君主，不但要脱鞋，而且还要脱袜。古代称袜为"韤"。《左传·哀公二十五年》载：卫侯一次与大臣们饮酒，褚师穿袜进屋入席，卫侯见状大怒，认为褚师有意不敬，喝骂道："如此无礼者，将断其足！"褚师赶忙解释说："我们的脚上生了东西，烂得厉害，恐怕您看见了会呕吐，所以不敢脱袜。"《吕氏春秋》载：齐王生病，派使者去宋

国请文挚，文挚到后，没有脱鞋就到床边询问齐王的病况，齐王大怒而起，扬言要将文挚生烹活煮。可见，不脱鞋袜入堂拜见尊者，是非常失礼的举止。

到了汉朝，就脱下鞋袜赤脚入朝上殿，但汉高祖刘邦给予丞相萧何的一个特殊待遇就是"特命剑履上殿"。也就是说，辅佐刘邦打下天下的萧何被皇帝特许为可以佩剑穿鞋上殿朝见。这样看来，其他大臣上殿是必须解剑脱鞋以示敬意。汉末魏国的曹操也曾下令，进祠上殿都必须脱鞋。这在相当长的一段历史时期内成为人们的习惯礼节。尤其是在祭祀先祖、拜见尊长时必须遵循古礼。一直到了唐代，这一习俗才逐渐改变。除祭祀活动外，大臣朝会上殿可以穿鞋了。

古人对鞋履的重视程度远在今人之上。秦代以前就有装饰鞋履之风尚，在皇室贵族那里甚至达到了十分奢侈的地步。历代穿丝鞋的都是有钱人，朝廷甚至专门设有"丝鞋局"这样的机构，供应皇室贵族的丝鞋。魏晋南北朝时，贵族所穿鞋子在质料上十分讲究，有"丝履"、"锦履"和"皮履"。另外，还有一种贵族妇人所穿的"尘香履"，以薄玉花为装饰，鞋内放有龙脑等香料，故称"尘香"。唐代文德皇后的一双鞋竟以丹羽织成，前后金叶裁云为饰，并缀有珠玉。

知识链接

慈禧太后的凤履

当年在清朝慈禧太后身边作女官的德龄以亲身经历写的《御香缥缈录》

中曾经对宫廷中的鞋子有详尽的描写。单就慈禧太后御用的凤履来说，宫廷里就有两个太监终年一事不做专门为太后保管，有一间专门存放凤履的"鞋库"，其中有几百双鞋子按号码排列，以备使用。这些鞋制作起来，不但工序繁多，而且工艺精巧，在鞋面上还必须装饰珍珠、宝石、璞玉、翡翠等一应宝贵的饰物。慈禧尤喜珍珠，一双鞋上总有七八十颗左右，打得最多的甚至有三四百颗，真是奢侈到了极点！

相比之下，平民百姓的鞋就多为麻鞋和草鞋。由于生活贫困，一些穷人甚至赤足，因为已经穷得无鞋可穿。即使有鞋可穿，也必须遵循朝廷规定。比如魏晋时曾有规定：士卒百工在鞋的颜色上只能限于绿、青、白三色；奴婢侍从只能限于红、青两色。若有违反，便是犯上，是要查罪法办的。

古人木屐，一般是在家闲居时的便鞋，正式场合是不能穿的，否则就会有散漫无礼之嫌。虽然木屐在东汉以后几度时兴，但东汉以前穿木屐者都是贫寒下士，富贵之人是不穿的。

隋唐以后，靴子成了朝服，在礼节上较其他鞋子要贵重得多。因为是朝服，等级规定的就更加严格。宋代文武官朝会时均穿黑皮靴，但根据官服的不同颜色来装饰皮靴的边缝綮条。比如穿绿色官服的用绿边，穿绯色官服的用绯色边，穿紫色官服的用紫色边。明朝开国皇帝朱元璋虽出身于贫苦农民，但当了皇帝后却格外看重等级差别。

他曾下令：文武官父兄子弟及女婿可以穿靴，校尉力士在执勤时可穿靴，但出外则不许穿；庶民、商贾、技艺、步军及余丁等，都不许穿靴，只能穿一种有统的皮履。明代万历年间，还禁止一般人穿锦绮镶鞋。

古代绣花鞋

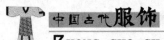
"三寸金莲" 绣花鞋

除了按照历朝服饰制度所变化出来的种种关于如何穿各种鞋子的规定外，中国女子因缠足所带来的女鞋畸变也值得带上一笔。

缠足起于何时，历来众说纷纭。比较明确的记载是源起于南唐后主李煜的宫中。以"一江春水向东流"而闻名于后世的李煜是一个耽于声色的亡国君主。宫中有一纤丽善舞的宫嫔，名为宵娘，李煜命人造六尺高的金莲台，让宵娘以

金莲鞋

布缠足，在台上做新月状，并穿白色的袜子行舞于莲台之上，舞姿之美令人叹为观止。

唐朝以前虽也以女子脚小步缓为美，所谓"足下蹑丝履，纤纤作细步"是女子美的风度，但一般只言其脚小，不言其脚弓。经过五代十国时期，宋代时女子缠足逐渐多了起来。《宋史·五行志》说："理宗朝，宫人束脚纤直，名'快上马'。"宋代著名文人苏轼还特地作了一首《菩萨蛮》的词，描绘小脚：

> 涂香莫惜莲承步，长愁罗袜凌波去。
>
> 只见舞回风，都无行处踪。
>
> 偷穿宫样稳，并立双趺困，
>
> 纤妙说应难，须从掌上看。

词中显示了中国士大夫对女子的把玩心理，显而易见是竭力赞美小脚之优雅。像苏轼这样名流文士的赞赏，不能不对女子缠足起到推波助澜的作用，一种以脚小脚大评价女子美丑的审美风尚逐步形成。这一风尚自然也影响到鞋子的式样。据《老学庵笔记》载，宋代就出现了名为"错到底"的妇人鞋。这种底尖的鞋子，正好是为缠足的小脚女人而制作的。

知识链接

三寸金莲

三寸金莲跟我国古代妇女裹足的陋习有关。裹足的陋习始于隋，在宋朝广为流传，当时的人们普遍将小脚当成是美的标准，而妇女们则将裹足当成一种美德，不惜忍受剧痛裹起小脚。人们把裹过的脚称为"莲"，而不同大小的脚是不同等级的"莲"，大于四寸的为铁莲，四寸的为银莲，而三寸则为金莲。三寸金莲是当时人们认为妇女最美的小脚。

古代的袜子

古代最早的袜子是以皮革做成的。最晚不迟于汉代，袜子的质料已由皮革向布帛完成过渡。湖北江陵凤凰山西汉墓出土的一双女袜，无彩无纹，底长15厘米，出土时尚穿在死者足部，袜身为苎麻织成；湖南长沙马王堆西汉墓出土的女袜，情况也与此相似：平底高双夹袜，以双层素绢缝成，袜面用绢较细，袜里用绢较粗，制为齐头、短靿，开口处附有袜带，袜带也用素纱制成。

据文献记载，汉代公卿百官出席宗庙等祭祀仪式，按规定必须穿着红色领袖内衣、红裤及红袜，以示对先祖列宗的赤诚之心。这种以红袜为祭服的做法一直影响到后世，由唐及宋，以至元明，各个时期遵行不改。

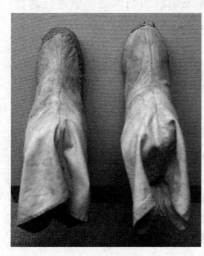

古代的袜子

汉魏时期士庶男子所穿之袜以苎麻制

成者居多，取其坚固耐用。女子所穿之袜，则大多以绫罗制成，取其柔软舒适。隋唐时期的妇女，也喜穿着绫罗之袜。宫廷妇女所穿之袜，则以精美的彩锦制成。江浙一带的民间妇女，出于着屐的需要，还喜欢穿着分指之袜，制作时将大趾与另外四趾分开，形成 Y 形，俗称"丫头袜"，或作"鸦头袜"。这个时期的男袜，仍以苎麻为之，到了冬季，则穿一种厚实的罗袜，以数层罗帛缝纳而成，俗谓"千重袜"。宋代则在此基础上发展出兜罗袜，其质地柔软而厚实，可御寒冷。

宋代的士庶男子多着布袜，贵族男子也有穿锦袜者，不过在当时人们的心目中，将彩锦之袜践踏在足下，实为奢侈之举。这个时期的妇女，因为缠足的关系，多将袜子作成尖头，头部朝上弯曲，形成弓形。

除缀有袜底的女袜之外，宋代以后还时兴一种无底之袜，只有袜筒，没有袜底，也用于缠足妇女。因缠足妇女足部已有布条系裹，故不必再施袜底。着时可裹于胫，上不过膝，下达于踝，俗谓"半袜"，或称"膝袜"。

元、明、清三代女袜仍以绫罗制成者为多，这种绫罗之袜在考古发掘中也常有发现。与此相比，男袜质料更为丰富，视季节而别使用，春秋之季多用布袜，以棉布制成。深秋时节则穿绒袜，以羊绒为之。也有着毡袜者。到了寒冷的冬季，大多穿着棉袜，以双层布帛为之，内絮棉絮。这种以彩帛为表，内蓄棉絮的冬袜，在北京故宫博物院尚有大量遗存。在北地山村，也有以皮袜御寒者。至于夏季，则穿暑袜，以细棉或细麻织物为之，质地轻薄而疏朗，专用于夏天，南松江地区出产者最为上乘，驰名远近。

头巾与束额

蔡邕《独断》曰：古帻无巾；王莽头秃，乃始施巾之始也。头巾本是古代劳动人民在地里进行农作的时候，为了尽量少的避免炙热太阳的光照而来的一种简单朴实的小发明。明、清时规定是给读书人戴的儒巾。蔡邕《独断》曰：古帻无巾；王莽头秃，乃始施巾之始也。换言之，农民包头巾是为了方便擦汗，或者遮阳；秀才包头巾为了表明自己的身份。

将布帛等物折叠或裁制成条状围勒于额，被称为束额，又称抹额。束额习俗早在商代已经出现，在殷商时代，不分男女，无论尊卑，均喜在额间系扎丝帛制成的头箍状饰物。

山西束额

秦汉以来，士庶男子多用巾帻裹首。这种巾帻有两种形制：帛围勒于额，露发髻于外，时称半帻、半头帻、空顶帻，实际上就是束额。这种半帻本来专用于童子，从西汉末年开始逐演变为成年男子的装束。在汉魏时期，男子用于束额的还有髯带，其制较半帻为窄，也以布帛为之，因大多被裁制成带状，故称髯带。使用时由颅后绕前，系结于正额。至于冬季，则以布帛裁成长条，内絮绵絮，使用时系扎在额间，以利保暖。这种束额多用于北方，尤以老年人为常用。

汉唐时代，妇女也用巾帛扎额，不过多见于歌女舞姬。汉代以来，束额还被军将武士及卤簿仪卫用作额饰，因有军容束额之称。武士仪卫以布束额，并非为了装饰，而是用作部队的标识，不同颜色的束额，可区分不同的部队。唐袭汉法，武士出征及仪仗出行也在额间系扎布巾，通常是扎在幞头之外。宋代仍有这种做法，当时的武士仪卫在用布帛抹额之前，已先系裹幞头，有的还戴有小帽，与汉魏时单独用布带扎额有所不同。

宋代民间男子崇尚系裹头巾，束额多用于妇女。宋代妇女的束额在制作上比先前讲究，通常将五色锦缎裁制成各种特定的形状，并施以彩绣：有的还装缀珍珠宝石，渐渐向首饰靠拢。元代贵妇用束额者不多，只有士庶之家的女子才喜欢作这样装束。大概是因为在额间系扎着这么一道布帛，可防止鬓发的松散和发髻的垂落，又便于劳作，故受到士庶妇女的青睐。

明清时期是束额的盛行时期，当时的妇女不分尊卑，不论主仆，额间常系有这种饰物。此时的束额形制也发生了很大的变化，除了用布条围勒于额外，还出现了多种样式：有的用彩锦缝制成菱形，紧扎于额：有的用纱罗裁制成条状，虚掩在眉间；有的则用黑色丝帛贯以珠宝，悬挂在额头。还有一种束额，以丝绳编织成网状，上缀珠翠花饰，使用时绕额一周，系结于脑后。这种束额被称之为渔婆巾，或者叫渔婆勒巾。冬季所用的束额，通常以绒、毛毡等厚实的材料为之；有的用绸缎纳以丝绵，外表施以彩绣；考究者还装缀珠翠宝玉，两端则各装金属搭扣，用时围勒于额，绾结于后。束额的造型也有多种：有的中间宽阔，两端狭窄；有的中间狭窄而两端宽阔，后者在使

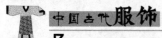
用时多将两耳遮盖。因为这种束额兼具御寒作用，故被称之为暖额。富贵之家的女子则崇尚用兽皮制作暖额，常用的兽皮有水獭、狐狸、貂鼠等，貂狐之皮最被看重。这种毛茸茸的兽皮暖额围勒在额部。宛如兔子蹲伏，因此，又被形象地称之为卧兔。

第五节
古代内衣与女性饰物

内衣也称小衣、亵衣、汗衣、鄙袒、羞袒、心衣、抱腹、帕腹、圆腰、宝袜、诃子、小衫、抹腹、袜肚、袜裙、腰巾、齐裆、肚兜，它是人体上身最为贴身的衣服。从史书记载来看，较早的内衣称为亵衣。"亵"意为"轻薄、不庄重"，可见古人对内衣的心态是回避和隐讳的。

除了华美的服装，历代男女的佩饰也非常丰富，提及中国的服饰文化，就不能不了解这些多姿多彩的饰物。用作头饰的有簪、钗、布摇；用作耳饰的有玦、珰、耳环等；用作领饰的有串珠、项链、项圈等；用作手饰的有镯、钏、戒指等；用作腰饰的有大带、革带等；用作佩饰的有玉佩、容刀、香球等。本文着重介绍一下古代女性的饰物。

古代内衣演变史

中国内衣的历史源远流长，先秦时期的史籍已有这方面记载。周代妇女所穿的亵衣，有一个专用名称，叫相服，南北朝时仍保留着这一称呼。男子所穿的亵衣，则被称之为泽，因这种内衣紧贴于身，可吸取汗泽，故以名之。到了汉代，则干脆称其为汗衣，斯文一点，则称其为鄙袒或羞袒，意思是赤膊不太雅观，所以要用布裁成小衣，遮覆胸背。

内衣在中国历史上各个时代有不同的称谓：汉朝内衣称为"抱腹""心衣"，魏晋称为"两当"，唐代称为"诃子"，宋代称为"抹胸"，元代称为"合欢襟"，明朝称为"主腰"，清朝称为"肚兜"，再后来就到了近代，则是我们至今仍可见到的"小马甲"了。

　　汉代称内衣为抱腹、心衣。汉刘熙《释名·释衣服》称："帕腹，横帕其腹也。抱腹，上下有带，抱裹其腹，上无裆者也。心衣，抱腹而施钩肩，钩肩之间施一裆，以奄心也。"可见"心衣"的基础是"抱腹"，"抱腹"上端不用细带子而用"钩肩"及"裆"就成为"心衣"。两者的共同点是背部袒露无后片。

　　当时还有一种内衣，既有前片，又有后片，既可以当胸，也可以当背，这种衣服就叫两当。两当本来是妇女的内衣，魏晋时期始被穿出，并演变成一种背心，不分男女均可着之。

　　唐代以前的内衣肩部都缀有带子，到了唐代，出现了一种无带的内衣、称为"诃子"。这也是其外衣的形制特点所决定的：唐代的女子喜穿"半露胸式裙装"，她们将裙子高束在胸际然后在胸下部系一阔带，两肩、上胸及后背袒露，外披透明罗纱，内衣若隐若现，因而内衣面料考究，色彩缤纷，与今天所倡导的"内衣外穿"颇为相似。为配合这样的穿着习惯，内衣需为无带的。

古代肚兜

唐代以后，妇女的内衣还流行过抹胸，这是一种"胸间小衣"是"肚兜"的前身，始于南北朝，是唐宋时期内衣的称谓，结构上以紧束前胸为特征，以防风寒，用于约束和固定乳部。

金、元时期的男子亵衣比较特殊，这一时期的内衣称"合欢襟"，由后向前系束是其主要特点。穿时由后及前，在胸前用一排扣子系合，或用绳带等系束。合欢襟的面料用织锦的居多，图案为四方连续。

明时期的妇女，贴身多着主腰，其制繁简不一：简单者仅以方帛覆于胸间，复杂者则开有衣襟，钉有纽扣，制如背心，有的还装有衣袖，形同半臂。

明清时期的内衣还有兜肚，或称肚兜，通常以柔软的布帛为之，制为菱形，上端裁成平形，

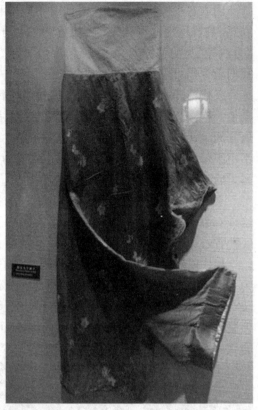

古代女子内衣

形成两角，与左右两角各缀以带，使用时上面两带系结于颈，左右两带系结于背，最下的一角则遮覆于腹。不分男女均可着之，但妇女及童子所穿者多采用鲜艳的颜色，并施以彩绣。童子所穿者多绣以虎，以辟不祥。妇女所穿者常绣以百蝶穿花、鸳鸯戏莲、莲生贵子等图案，反映对美好生活的向往。老人所着者则制为双层，纳以棉絮，有的还贮有药物，以治腹疾。

中国古代女子内衣以其"近身衣"的浪漫情怀在服饰艺术中独树一帜。它是女性私密空间中的悄悄话，含羞而内敛、充当着美和情的抒发载体，一经揭开它神秘的面纱，那塑身修形的造型理念、大俗大雅的配色处理、无限寄寓的图腾纹饰、独具创造性的技艺手段，无一不吐露出女性对生活价值理念、审美情趣、情感寄托、情爱传感等诉求的心声。

知识链接

杨贵妃与内衣

中国人的贴身肚兜，传说是从杨贵妃开始，根据《事物纪源》中说："贵妃私安禄山，指爪伤胸乳之间，遂作诃子饰之。"据说越是天生丽质的女人，越是喜欢狂风骤雨般的爱情方式，近乎饿虎扑羊般的野蛮动作，越能赢得芳心的强烈震撼，安禄山与杨贵妃便是如此。有一次安禄山把杨贵妃抱在怀里，在她身上最柔软的部位用力揉捏，居然使她的酥胸上出现累累伤痕，弄得无法向玄宗交代，只好以红锦缎遮在胸前，称为"诃子"、也叫"肚兜"，这便是"乳罩"的起源，"禄山之爪"的成语也由此而生。事后安禄山曾对人说："贵妃人乳，滑腻如塞上酥！"

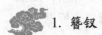 **云鬓生辉的发饰**

古代女子发饰多种多样，有笄、簪、钗、环、步摇、凤冠、华盛、发钿、扁方、梳篦等。

1. 簪钗

簪钗是中国古代妇女束发美发的工具，中国古代女性发饰种类非常丰富，它的设计制作与人们的生活密切相关，深深地体现了民族文化的个性特色。因而，古代妇女发钗无论在装饰上的题材、内容还是在艺术形式上都承载着悠久的历史，俨然是吉祥文化标本之集合，反映了中国传统的审美情结。因而，簪钗上的传统意趣应该具有很高的历史、文化和艺术价值。

簪的本名称"笄"，是中国古代束发的工具。在古代，汉族的结发方式，无论是辫发盘髻，还是束发着冠，均须以簪钗约束固定。女子年满十五岁时，如已许嫁，便将头发绾成一个髻，即以簪插定发髻。以示成人，如"年以及笄"。在中国古代，簪钗还常被用于男女间定情的信物。皇宫贵族的女子可以用珍奇的材料做发饰，而一般小户人家只能戴荆钗（荆条编织的发钗）——"拙荆"便是古代男子对外人称自己的妻子的谦词。

古代头饰

钗，由两股簪子交叉组合成的一种头饰。用来绾住头发，也有用它把帽子别在头发上。五代五缟《中华古今注·钗子》："钗子，盖古笄之遗象也，至秦穆公以象牙为之，敬王以玳瑁为之，始皇用金银作凤头，以玳瑁为脚，号曰凤钗。"钗与簪是有区别的，发簪作成一股，而发钗一般作成两股。

2. 步摇

步摇是一种插在髻上的饰物，上缀可以摇动的花枝或垂珠，走起路来，随着步履的颤动，这些花枝或垂珠会不停地摇曳，故名"步摇"。步摇是古代妇女插于鬓发之侧以作装饰之物，同时也有固定发髻的作用。是自汉以来，中国妇女中常见的一种发饰。簪插步摇者多为身份高贵之妇女，因步摇所用材质高贵，制作精美，造型漂亮，故而非一般妇女所能使用。"步摇"这个名称，到了明清时已很少听见。其实，这种首饰并没有被淘汰，只是改变了名称而已。我们从史志诗文中常见有"珠钗"等名称，就是步摇的异称。这种首饰在清初刻本《秉月楼》一书的插图中还有描绘，完整实物也有传世。

3. 华胜

华胜是以金、玉等材料雕琢而成一种饰物，中部为一圆体，圆体的上下两端附有对向的梯形饰牌，使用时系缚在簪钗之首，横插于两鬓。最初专用于妇女，后不分男女皆可用之。这种首饰有多种形制，以质料而别，其中以玉胜所见为多。

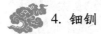

4. 钿钗

钿也是古代妇女常用的首饰，通常以金银、珠翠或宝石制成。使用时安插在鬓发之上，因多被制作成花状，又称"花钿"。现存花钿实物，以晋墓所出年代为早。

古代妇女的花钿，除以金、银等材料制成外，还有用鸟羽为饰者，名谓"翠钿"。这种翠钿是在金钿基础上加工而成的，其制作方法比金钿多一道工序，即在金钿上粘贴一层鸟羽。由于鸟羽多选择翠绿之色，故被称之为"翠钿"。

摇曳生姿的耳饰

在古代，耳饰的分类很多。

有圆形环状缺口的，直接夹入耳垂，一般以玉质常见，也有用骨、石、玛瑙、象牙等材料制成的，称为玦。商周以后，中原地区及北方地区的居民，也喜欢在耳部佩戴上这种饰物。

有圆柱形喇叭口，撑大耳孔后将其贯入耳孔的，常见的有琉璃材质，称为耳珰，尤其以琉璃耳珰为绝妙。耳珰的造型大同小异，其区别主要反映在两端，一般做平头形，两端直径大小略有不同，佩戴时多半以细端塞入耳垂。除了平头形以外，还有做圆头形者。耳珰中心的穿孔，是为了悬挂坠饰而预备的，通常的做法是先将耳珰穿过耳垂，然后将系有坠饰的细绳从耳珰孔中穿过，缚结于耳垂之下。

古代压托巾

有金属制的环形耳饰，扣入耳孔的，称为耳环。耳环最初多用于南北各地的少数民族，后传到中原，也为汉族妇女所接受。宋代以后，穿耳戴环在汉族妇女中日益盛行，文献中有不少记录，实物也遗存很多。在明清时期，还流行过一种小型耳环，叫丁香耳环。丁香是一种植物，果实甚小，呈椭圆形。丁香耳环即仿照其状制作而成，由于小巧轻便而深受妇女喜爱，不论是大家闺秀、小家碧玉，都喜欢佩戴这种耳环，只是选用的质料有所差异，贵者采用金银宝玉，贫者则以铜锡为之。

还有由耳环演变而来的耳坠，在耳环下悬坠一枚或一组装饰，材质丰富多变。耳坠的上半部分是个耳环，耳环之下悬以坠子，故名"耳坠"。中国先民佩戴耳坠的风习，可一直上溯到新石器时代。当然，那时的耳坠形制都比较简单，通常以玉石磨制而成，在坠子的上部，各钻有一个小孔，以绳带穿结佩戴。后来的发展，也包含了当时封建礼教对女性的许多约束，在佩戴了灵动的耳坠之后，要求女性仪容端正，要保证耳坠不能移步亦摇，时刻提醒女性自我约束、自我检点。

这种严苛的礼教直到唐朝才有所缓解，为了争取平等自由，许多女性都拒绝穿耳。可是，自由之风没有能够坚持多久。到了宋朝，一切又恢复如昔了。

多姿多彩的颈饰

中国古代妇女的颈饰主要有珠串、项链、璎珞等。

古代先民最早佩戴的颈饰，往往是用大自然赐予的材料串组而成。装饰品的种类十分丰富，取材广泛，有各种兽齿、鱼骨、石珠、骨管和海蚶壳等。从新石器时代中期开始，玉制串饰出现在人们的颈部，至商周时已十分普及，并逐渐取代兽齿、鱼骨、硬果、贝壳等自然之物。玉制串饰的形制繁简不一，以管、珠为常见，简单者在管、珠之间夹入一些几何形饰件，如方形、琮形、璜形、三角形、圆形、璧形、多边形等，复杂的玉制串饰则被加工雕琢成各种形状，如鸟形、兽形、龙凤形等，和玉质管珠互相配合，组成一套串饰。

除了用天然材料外，古代颈饰还有用金属材料制成者，盛行不衰的项链就是其中之一。项链

隋代的嵌珠金项链

是在串珠基础上演变而成的一种颈饰，通常由三部分组成：主体部分是一条链索。链索的下部悬一个坠饰，俗称"项坠"；链索上部的开口部分，则装缀一个可以开合的搭扣或搭钩。也有不用搭扣者，戴时直接套在颈项。从考古发掘的材料看，早在新石器时代，我国先民已佩挂起类似项链的饰物。但由于封建礼制的约束，古代女子佩戴项链的不多，一直到民国时期，传统的服饰制度受到外来文化的冲击，一批年轻妇女受欧美妆饰风习的影响，项链才流行起来。这个时期的项链，大多以金银丝扭绞成链索之状，俗称"链条"。链条的上端缀有搭扣，以便佩戴，链条的底部多系有坠饰。常见的坠饰有两种形制，一种为金锁片，一种为金鸡心，这些项链在民间还有大量传播。

项圈也是古代常用的一种项饰。通常以金、银锤制或模压成环形，考究者嵌饰以珠翠宝石。在部分少数民族地区，成年男子也佩戴这种饰物。唐代妇女受北方少数民族妆饰习俗的影响，也有佩戴项圈的现象，直到明清时期，妇女仍有佩戴项圈的习俗。

璎珞是古代用珠玉串成的装饰品，多用为颈饰，又称缨络、华鬘。璎珞原为古代印度佛像颈间的一种装饰，后来随着佛教一起传入我国，唐代时，被爱美求新的女性所模仿和改进，变成了项饰。它形制比较大，在项饰中最显华贵。

流光溢彩的手饰

古代手饰有镯子、臂钏、戒指、义甲等。

手镯是古代女性最重要的腕饰。手镯，亦称"钏""手环""臂环"等，是一种戴在手腕部位的环形装饰品。其质料除了金、银、玉之外，也有用植物藤制作的。

手镯由来已久，起源于母系社会向父系社会过渡时期。据有关文献记载，在古代不论男女都戴手镯，女性作为已婚的象征，男性则作为身份或工作性质的象征。此外，在古代社会，人们还认为戴手镯可以避邪或碰上好运气。

臂钏是在手镯基础上演变而成的一种手饰。古代手镯既可戴在一个手上，也可两手皆戴。既可佩戴一只，也可佩戴数只——从手腕一直戴到上臂。隋、唐、宋、元、明诸代的妇女，有戴臂钏的习俗。臂钏的形制两种变化不大，通常以锤扁的金银条为之，绕制成盘旋状，所盘不等，少则3圈，多则5圈8

圈，也有作十几圈者，考究者用金银丝编制成环套，以便调节松紧。

戒指本称"指环"，它是人们套在手指上的环形物，现存实物以新石器时代为早。距今约有四千多年的历史。古代指环的质料非常丰富，主要有骨、石、铜、铁、金、银、玉及各类宝石，其造型有圆环形、圆箍形、圆簧形、马镫形、嵌宝形、动物形、印章形等状。

古代妇女喜欢蓄甲，指甲长了，很容易被折断，尤其在劳作和弹奏乐器时，更易折损。为此，人们特地发明了一种指套，其制为平口，通体细长，由套管至指尖逐渐变细，头部微尖。最初用竹

清代的"扳指"及"义甲"

管、芦苇杆等削制而成，后发展成用金银宝石来制造。使用时套至手指中间的关节处，可用几个，也可将十个手指全部套上。这种指套被称作"护指"，或称"义甲"。

纵观中国历代妇女的饰品，种类繁多，斑斓多彩。这些饰品的产生和演变，与当时的经济水平、社会风尚、审美情趣等都有密切的关系，是中国传统服饰文化的重要组成部分，对当代妇女妆饰仍有很高的借鉴价值。

第二章

先秦时期的服饰

中国古代服装是指中国古代的各种衣裳、冠帽、鞋袜等服装，在世界上自成一系，其结构与款式随着生产与生活方式的发展而逐渐变化。通过对古代服装的研究，可以认识历代人物的风貌。在鉴定有关文物时，服装也是断代的重要尺度。古代服装存世不多，在研究中除依据实物外，古代雕塑、绘画中的人物形象，也往往是重要的参考资料。先秦时代的中国服装，根据当时的生产力发展而发展。远古时代纺织技术的发明，奠定了日后服装文化的源远流长。

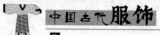

第一节
原始社会中国的纺织与服饰

远古时代的纺织技术

　　早在远古时期，生活在中国这片土地上的古人类已经能够制作原始服装。本世纪30年代，考古工作者曾在北京周口店山顶洞发掘出一枚距今约1.8万年的骨针。这枚骨针长82毫米，针身最粗处直径仅3.3毫米，针身圆滑而略弯，针尖圆而锐利，针的尾端直径3.1毫米处有微小的针眼。出土时，针身保存完好，仅针孔残缺。制作这样的骨针，必须经过切割兽骨、精细地刮削、磨制以及挖穿针眼等多道工序，需要较高的制作工艺才能完成。这枚骨针，不仅是中国，也是世界上目前所知最早的缝纫工具。

　　此外，在浙江余姚河姆渡、河南新郑裴李岗、河南舞阳贾湖等新石器时代遗址中，也都有管状骨针等物出土。可以推断，这些骨针是当时缝制原始衣服用的。

　　同是在河姆渡遗址中，还出土了木制织机的构件。根据专家的研究，这种构件组装成的织机为水平式踞织机，和现代中国南方一些少数民族使用的原始织机非常相似。

　　考古发现不仅发现了缝纫工具，也发现了原始织物的证据。裴李岗遗址、贾湖遗址等处都发现了陶纺轮，证明在距今9000年至7000年时，中

北京周口店山顶洞出土的骨针

国古人已经掌握了纺织技术。而且在裴李岗发现的陶器上面，考古学家还发现了其装饰作用的绳纹印痕。这说明当时的人已经会防线，并把线搓为绳。在距今5000年至3000年的仰韶文化遗址中，考古学家不仅发现了大量的陶轮，还发现了一批骨梭，而且在一些陶器的底部还发现了布纹印痕。大约同一时期的半坡文化遗址中，陶器上的布纹印痕明显分为两种，有粗细之别。这些证据都表明，到这一时期，人们已经学会了织布。而且，在裴李岗和仰韶文化遗址中都发现了苎麻。考古学家认为，这就是当时人们所用的纺织原料，据此可以推断当时织出的布为麻布。

在仰韶文化晚期的遗址中，还发现了蚕蛹。其中有半个明显是经过人工切割过的。这表明，早在5500多年前，黄河中下游地区的中国人就已经驯化了蚕。据此推断，当时一定已经产生了原始的丝织品。1958年，在距今4000年左右的浙江吴兴钱山漾文化遗址中，考古工作者发现了用家蚕丝织成的绢片、丝带、丝线等丝织品，说明长江流域养蚕织绸与黄河流域基本同步。

另外，在距今5400年的江苏吴县草鞋山遗址中，考古工作者发现了3块葛布，其中一块上面发现了彩绘的痕迹。

远古时代的服饰

一般而言，颜色的出现及其在服装领域的应用，标志着服装的功能已经完备。但到目前为止，远古时期的衣服和鞋的实物尚未发现。不过，考古发掘还是为我们提供了很多第一手材料。

首先，我们可以知道：在新石器时代晚期，不同地区和民族的人的发型是不一样的。如甘肃天水大地湾文化中发现了剪短的披发；甘肃临洮的马家窑文化中发现了后垂的编发；山东泰安的大汶口文化中发现了用猪獠牙制成的发箍；山东龙山文化中发现了骨笄束发；陕西龙山文化的神木石峁遗址出土的玉人头像，头顶有髻，可能也是用笄束发的反映。总之，远古时期笄的发现，自西向东，至黄河流域逐渐增多。因此可以推知：束发为髻在远古时

古代女子服饰

已是居住在黄河中下游华夏族服装的重要特征。

与此相对，甘肃地区出现的剪发形象可能反映的是古羌族的特征。

由头饰与发型的不同，可以推断当时各地区、各民族的人，衣着和鞋靴的款式也可能各不相同。比如，甘肃辛店出土的放牧纹彩陶盆，上面清楚地表现出当时当地人们的衣服为上下装相连的样式。辽宁牛河梁红山文化遗址出土的红陶少女塑像左足上有短靿的靴子。这些形象都反映了与中原地区风格迥异的北方少数民族服饰形象。

至于华夏文化区域内，这一时期也正是中国逐渐进入阶级社会、"天人合一"观念开始萌芽的重要时期。随着阶级社会的确立，"天人合一"观念的形成，中国传统服装，特别是华夏贵族服装逐渐向着愈加严格的制度化方向演进。

第二节
夏商和西周时代的纺织与服饰

殷商时代纺织技术

从夏代开始，中国正式进入阶级社会。这一时期的社会生产力有了较大发展，社会分工也逐渐复杂起来，丝织业已经成为一个独立的部门。这对于服装的发展至关重要。

殷墟中出土了铜针、铜钻以及陶制的纺坠。此外商代的蚕桑业已成为十分重要的生产部门。在甲骨卜辞中不仅已经出现了蚕、桑、丝、帛等字，而且还出现了"蚕示三牢"的记载，也就是用三头牛来祭祀蚕神。这样的祭礼颇为隆重，足见当时社会对于蚕桑事业的重视。

殷墟

殷墟是我国奴隶社会商朝后期的都城遗址，距今已有三千三百多年历史。公元前十四世纪，商朝第二十位国王盘庚将其都城从"奄"，即现在的山东曲阜，搬迁到风景秀丽、土地肥沃的"殷"地，即现在的安阳小屯村一带。直至商朝灭亡，"殷"作为商的首都，共经历了八代十二王，历时273 年。后人称这段历史为殷朝，此地也被为殷都。殷都被西周废弃之后，逐渐沦为废墟，故被人们称为"殷墟"。

殷墟占地面积约 24 平方公里，东西六公里，南北四公里。大致分为宫殿区、王陵区、一般墓葬区、手工业作坊区、平民居住区和奴隶居住区。古老的洹河水从市中缓缓流过，城市布局严谨而合理。从其城市的规模、面积、宫殿的宏伟，出土文物的质量之精、之美、之奇、数量之巨，可充分证明，它当时不仅是全国，而且是东方政治、经济、文化中心，确实是一处繁华的大都市。

在一些商代墓葬出土的青铜器表面，考古学家经常能发现黏附的丝绸残片或渗透有布纹的痕迹。经过显微镜放大，可以看出这些织物的纹路种类繁多。不仅有简单的平纹织物，还出现了比较高级的菱形暗花。这种暗花只有掌握了提花技术才能织出来。这说明，殷商时代人们已经大幅改进了织机，发明了提花装置。

除了丝织以外，商代还出现了麻织品、毛织品和较原始的棉织品。麻织品发现于北京平谷刘家河商代墓葬和河北藁城台西商代遗址等。毛织品主要见于新疆哈密五堡遗址。该遗址相当于商代晚期，出土的毛织品有平、斜两种织法，并用色线编织成彩色条纹的罽用毛做成的细密织物，表明毛织技术已具一定水平。棉织品以福建崇安武夷山船棺葬中出土的青灰色棉布为代表。经鉴定棉种属联核木棉。年代亦属商代晚期。

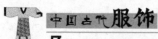

殷商时代服饰

夏商时代，具有中国传统特色的"冠服"制度开始初步建立起来。从天子以下，至百姓乃至奴隶，冠服各有等差。这一时期的衣着也无存世实物，只能根据考古发现来判断。

考古工作者在相当于夏代的二里头文化的众多遗址中均曾发现过骨笄，说明这一时期华夏人束发已经成为一种必要装饰。而这一时期墓葬的贫富分化极为明显。一般小型墓葬中除骨笄外几乎无任何装饰品随葬；而贵族的大、中型墓葬通常随葬大量精美配饰，如河南偃师二里头出土的嵌绿松石兽面纹牌饰。从这一点可以推想，夏代贵族和平民乃至奴隶的服装一定有着较大的差别。

河南偃师二里头出土的嵌绿松石兽面纹牌饰

而商代服装，从出土的各种玉、石人像判断，可分如下几类：一为奴隶；二为小奴隶主或亲信奴隶。三为贵族。

据安阳殷墟出土的高巾帽右衽交领窄袖衣玉人像，可知商代小奴隶主或亲信奴隶的装束。头戴高巾帽；上身穿交领衣，右衽；腰束绅带；下身着裳，腹前系市（蔽膝）；足穿鞋似为尖头鞋。

知识链接

服装构成

交领：即上衣穿好以后左右领相交。

右衽：即衣襟向右掩，也就是右襟在内，左襟居外并压住右襟一直偏斜至右腋下。

绅：较宽大的衣带结住以后剩余下垂的部分。

蔽膝：即遮盖大腿至膝部的服饰，似围裙而窄，下端呈斧头形，拴在大带之上而长度过膝。蔽膝的主要功能是起装饰作用，除布帛以外还可以是皮制的。

西周时代的纺织技术

西周的建立，使社会生产力大大发展和提高了，物质明显丰富起来。西周时期的纺织基本继承了商代的传统。考古发掘所见的西周纺织品遗物或遗痕，在那时的大小奴隶主贵族墓中时有发现。特别是陕西宝鸡茹家庄西周中期墓出土的铜剑柄上黏附的多层丝织品遗痕。

毛纺织品以青海都兰出土的用绵羊毛、牦牛毛制成的毛布、毛带、毛绳、毛线等毛织品为代表。

古代文献上关于西周时代纺织业的发展也有很多记载。从中可以知道，周代的栽桑、育蚕、已达到很高的水平，束丝（绕成大绞的丝）成了规格化的流通物品。如《尚书·禹贡》，记载兖州地方"厥贡漆丝，厥篚织文"；青州"厥篚檿丝"。这些贡品都是各地方的特殊物产或著名物产，以丝织品上贡，标志着丝织品的产量之大或织作之精。兖、青二州在西周皆属齐地，而齐地正是周代丝织业最为发达的地区。据《史记·货殖列传》记载："齐带山海，膏壤千里，宜桑麻，人民多文彩布帛鱼盐"。齐国的丝织业在西周初年已开始发展

古代月舞佣

起来，当姜太公初封营丘时，由于"地潟卤，人民寡，于是太公劝其女功，极技巧"，故齐能"冠带衣履天下"。

在纺织品的生产和经营方式方面，周代已有了官办的手工纺织作坊，而且内部分工已日趋细密。从周代起已规定布的标准幅宽为2.2尺，合今0.5米；匹长4丈，合今9米。每匹可裁制一件上衣与下裳相连而成的"深衣"。并且规定不符合标准的产品不得出售。这可以看作是世界上最早的纺织品技术标准。

西周贵族服饰

进入西周以后，社会秩序也走向条理化，并有了规章制度，以严密的阶级制度来巩固政权。作为个人的阶级标志，冠服制度被纳入礼乐制度范围之中，成为礼制的重要表现形式之一，更是西周政权立政的基础之一。等级制度更加森严，其内容详尽而周密，尊卑贵贱，各有分别。

西周时遗留下来的人像材料很少。从洛阳出土的玉人及铜制人形来看，周代服饰大致沿袭商代服制而略有变化。常服还是上衣下裳为主流，款式不变。衣、裳、带、韨仍是贵族男装的基本组成部分。只是衣服的样式比商代略为宽松。领子通用交领右衽。不使用纽扣，一般腰间系带，有的在腰上还挂有玉制饰物。衣袖日趋发展变大，形成大袖，祛袂的款式，裙或裤的长度短的及膝，长的及地。另外根据文献记载可知，其衣用正色，裳用间色，并特别重视裳前的市。

除一些偏远方国外，西周男子大部分都已将辫盘到头顶，束发已成为全国统一推行的标准，这奠定了汉族男子日后的发式，直到明代。西周各种冠、帽、巾等均已发展完善，后世冠的基本形制在当时都可以看到。

西周服装的主要特点表现在服饰的专用界限和等级标志开始清晰，品种类别也相应地增加。

从用途上区别，宫室中拜天地、敬鬼神时有祭礼服，上朝大典时有朝会服，军事专有从戎服，婚嫁之仪专用婚礼服，吊丧时专有丧服。

礼服制度，也叫冠服制度，是西周对于后世服装影响最大的一个方面。西周铜器铭文里有许多周王在册命典礼上颁赐礼服的记载，如著名的《毛公鼎》铭文里就提到周王赏赐的"朱市、恩黄"等。由于礼服都是周王运用命令按照所任命的官爵来规定的，因此又称为"命服"。

西周时期的礼服是上衣下裳款式，只不过头要戴冠，衣裳皆有等级，要有章纹、黻膝、组玉等相关配件。这样完善的礼服系统一直延续到明。当时礼服的主要等级，有冕服和弁服之分，其区别取决于相关配套的冠的款式，比如戴冕就是冕服，戴弁就是弁服。二者的衣服仍旧是上衣下裳，只不过是冠与章纹、黻膝、配件等级的不同而已。冕服和弁服作为高级别礼服，一直延续到明。只不过在西周时代，天子、诸侯王、公卿、大夫都可以穿冕服，后来随着中央集权的不断加强，只有天子、诸侯王才能穿了。西周贵族女子的礼服制度也已经完善，王后已经开始穿翟衣，当时王后有六种翟衣类礼服。

下面，我们从头到脚逐一介绍西周时期的冠服。

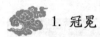

1. 冠冕

从西周开始，贵族男子到了20岁必行冠礼，标志着成人。从这时起，冠就成为他必戴之物。冠也就因此成为了当时贵族区别于百姓，及成年人区别于未成年人的标志。可以说，上古时代不带冠的有五种人：妇女、小孩、罪犯、外族人和平民。

古时的冠并不等于现在的帽子。它的主要结构是一个直径不大但有一些高度的圆环形冠圈，上面有一根较窄的冠梁，仅能盖住头顶一小部分。带冠前，先把头发束起盘成发髻，用缤（整幅的黑色帛）把发髻包住，然后加冠。再用笄横插过冠与发髻，使其固定住。自从冠出现以后，笄就分化为两种：单独固定头发的发笄和专门固定冠冕的衡笄。但即使有了笄，冠还是有可能掉下去，因此又在冠圈两侧加上丝绳，可在下巴下面打结，帮助固定冠冕。这两根丝绳称为"缨"。缨打结以后剩余下垂的部分称为绥。

冕是帝王、诸侯及卿大夫参加祭祀典礼时最尊贵的礼冠，其主要结构是长方形板状的冕板，称为"延"，覆于冕顶部，前圆后方，前比后低一寸，有前倾之势。后代有的冕板还包以丝帛。冕的前后有旒。"旒"是冕冠中最能体现身份等级差别的部分，《礼记·礼器》中记载："天子之冕……十有二旒，诸侯九，上大夫七，下大夫五，士三，此以文为贵也。"天子每一旒通常又是由五彩丝绳串起的十二颗玉石做成，以藻穿玉，所以又叫玉藻。冕下的冠圈两侧要各旋系下一颗玉珠，垂在两耳的位置。这两个颗玉珠叫"纩"，又叫"充耳"，用以提醒戴冠冕者勿轻信谗言。

弁是皮制的头衣，由几块薄而柔软的兽皮拼接而成，在瘢块连接处还缀

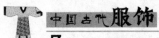
以许多五彩玉石。缝制以后的形状类似清代以后的"瓜皮帽"。弁一般使用白鹿皮制作的，因此一般的弁均为白色。另有一种"爵弁"颜色红中带黑，与鸟雀头的颜色相近，因此称为"爵（爵、雀二字古代通用）弁"。

2. 礼服

天子的礼服由上衣和下裳两部分组成，上衣采用青黑色，象征天；下裳黄赤色，象征地。衣裳上面绘十二章纹。礼服还要与腰带和赤舄相配。

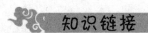

虚伪的隋炀帝

《隋志》中有这样一则记载：隋炀帝还是太子时，曾经因为自己戴的冕旒所用白珠长度与天子相近，专门上疏奏请天子允许将太子的冕旒改为青珠，旒数也改为九旒，悬挂玉串的长度也比天子的长度缩短二寸。这一奏请是太子为了向父皇表明自己尊重礼仪不敢僭越的心意，自然十分合乎封建社会的礼教道德。仅看这一段史料记载，似乎觉得隋炀帝尚属恭谨之人，其实这恰好是隋炀帝杨广的虚伪性，他当太子时，处处表现出对父皇的恭敬，也的确博得了父亲隋文帝的欢心和信任，认为他为人仁孝，但这位孝子却在文帝病重时，进宫逼父亲的爱妃淫乱，事情被文帝发现后，竟索性勾结大臣暗害了文帝，自己登上皇位，成为历史上有名的荒淫残暴之君。

在整个命服制度中最能体现西周严格等级制度的，是"蔽膝"和"珩"。"蔽膝"在此时尚称为"韨（即市）"，又叫"韠"。这两件等级标志也有可能是西周中期以后的规定，因为康王时期的"麦方鼎"记载康王册封邢侯时，并未提及韨的色彩。

"韨"沿用到西周，成为贵族作为身份标志的重要组成部分。西周贵族男子成年行"冠礼"时除了要"加冠"，还要戴上韨。行礼、上朝和祭祀时所穿的朝服和祭服也要加韨。珩是在一连串佩玉上端，一块横而较宽的"似磬而小"的玉石，下面就是其他成组的玉石。

西周的命服主要按照韨和珩的颜色来区分等级。

韨以亮红色最贵，珩以青色（即恩色）最贵，即所谓"朱韨恩珩"。除天子以外，王子、三公、执政大臣一级均"朱韨恩珩"。其次是"赤（深红色）韨朱珩"，是诸侯和卿一级的佩戴。古代文献中记载诸侯朝见周天子时均着"赤韨"；而且周天子赏赐臣属

根据文献记载复原的周代天子礼服与鞋样式

的也多属此类服饰。第三等是"赤黼（带有绣纹的）韨"，大夫一级的佩戴。第四等是（"缁 zī，黑色）韨同（白色）珩"，是中级官吏的配饰。第五等是"素韨金珩"，是小官吏的佩戴。各级官吏朝见天子，或执行王命，都必须穿戴各级命服。

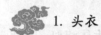 西周时代平民的服饰及其他用途的服饰

1. 头衣

平民不戴冠，但也要留发。束发以后上罩头巾，称为"帻"。当然也有的记载指出直到汉元帝以后才有了帻。

20 岁以前的儿童不带冠，头发自然垂下，称为"垂髫"。如果长得过长，就紧靠着发根扎成左右两束，这样的发型就像兽的两只角，因此叫"总角"。

唐代以前，妇女也不戴冠。15 岁的女子算作成年，要盘起头发，用笄固定，表示成年，可以嫁人了。出于对美的追求，古代妇女对于头部装饰尤其重视两个方面：一是头发本身的质量。如果自身头发质量不好，宁愿花高价购买别人的好发来装扮自己。二是笄，贵族妇女用的笄质料本身都很贵重，而且还有很多镶嵌装饰；穷人家的女子就只能用骨、竹甚至荆条做笄。

只有罪犯是不束发的，而且多剃去全部或头顶部分头发。这种刑罚叫作"髡"。既不束发，自然也就用不着头衣。

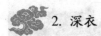
2. 深衣

贵族的礼服由衣和裳组成，这种形制的衣服称为"深衣"。平民和奴仆日常另有"短衣"，称为"襦"，类似后来的短卦。对于平民而言，"深衣"就算是礼服了。对于奴仆而言，连穿"深衣"的资格也没有。不论是"襦"还是"深衣"，都有单夹之分。

外衣里面，贴身穿的上衣叫"亵衣"。如果是冬季，还要加上寒衣。

贵族的寒衣多为裘皮质地。而各种裘皮中，狐裘和豹裘较贵重，只有高级贵族才能穿；一般贵族只能穿鹿、羊等的裘皮。狐裘当中，又以狐狸腋下的软毛又轻又暖，因此是最为珍贵的。以色而论，又以白裘为上。穿羊裘，一般说明人的身份较低，或较贫困。但若是羔裘，又属高级裘皮，另当别论。穿裘皮时，还要同时加上一件罩衣。这种罩衣叫"裼"。因为如果裘衣的皮毛外露，会使穿着的人看起来像是动物一样，是一件很失礼的事。

古代深衣

袍和茧是普通人御寒之服。这两种衣服都与今天的棉袄大体相似，为两层单衣中间夹絮的形制。二者的区别在于所絮入的东西不同。袍较低级，絮入的是乱麻或旧的丝绵；而茧絮入的则是新的丝绵，显然是较高级的御寒衣物。

3. 足衣

西周时代的足衣称"屦"。如果在屦的底部再加上一层木板，就是"舄"。

4. 军服与丧服

《周礼·春官·司服》详细记载了周天子、诸侯的各种冕服，其中的韦弁

古代军服

服是"兵事之服"。西周军队中还没有武官，天子及诸侯就是军队的统帅，他们出征所穿韦弁服，就是专用戎服。帅与兵的戎服区别只在于兵的裳要比帅的短些（以便于奔跑）、衣裳简陋些，衣料粗些。

西周时期已经有了初级的战甲，多以犀牛、鲨鱼等皮革制成，上施彩绘。周代制革业已有相当规模，并设有专门负责鞣革制甲的"函人官"。据《周礼·冬官考工记》记载，当时的制甲业已经取得一定经验，分犀甲、兕甲和合甲三种。其质地的坚硬程度，犀甲可以使用一百年，兕甲可以使用二百年。而更厚的合甲，由于坚硬，甚至可以使用三百年。除皮甲之外，商周时期的还出现了"练甲"，大多以缣帛夹厚绵制作，属布甲范畴。

西周时代已经出现了丧服，但尚未形成制度。

第三节
春秋战国的纺织与服饰

春秋战国时代纺织技术的进步

春秋时代纺织业的主要部门是丝织业。这一时期无论是黄河流域还是长江流域各国均普遍种桑养蚕。这一时期丝织品的产量和质量都有了大幅度的提高。产量的增加，使得各级贵族的衣服都以丝绸为主，而且贵族间交往互赠的礼物和祭祀用的祭品中都大量使用丝绸。丝织品的各种类别，如绢（生

丝织品)、纱(轻薄的丝织品)、缟(细
而白的丝织品)、纨(白色的细绢)、绨
(粗厚的丝织品)、罗(轻而软的丝织
品)、绮(有素地花纹的丝织品)、縠
(薄而轻的细帛)、锦(有图案、花纹的
丝织品)等均已出现。其中以绢的用途
最为广泛。

湖南衡山霞流出土的春秋楚国蚕桑
纹尊。侈口，鼓腹。口沿上饰翘首蚕纹，
缘以点状纹。颈有以点状纹界画的三角
纹，填充斜角云纹。腹饰桑叶形纹，以
浮雕的蚕纹为地，上下夹以点状纹及云
纹带。尊的纹饰以蚕桑为主题，极为珍
异。尤其口沿上各蚕，首皆昂起，虽为

桑蚕纹尊

铸造，竟如雕刻，技艺超绝。同时也显示了楚国地区在这一时期桑蚕业的高
度发达。

到了战国时期，人们更是进一步掌握了蚕的生长发育规律和治病机理，
也懂得了用加草木灰的温水来练丝。这样不仅能漂白，也能去除蚕丝纤维表
面的丝胶，使纤维变得更加柔软、光泽，同时也更利于织绸。

再结合出土织品推断，这一时期，缫车、纺车、脚踏斜织机等手工机器，
腰机挑花以及多综提花等织花方法均已出现。根据《列女传》对鲁国织机的
记载，我们可以知道，这一时期的织机已经有了机架、定幅筘、卷经轴、卷
布辊、引综棍等装置，还有专门清除纱支疵点、引纬线的配套工具。

染色也已经成为一门专门技术。矿物、植物染料染色等已有文字记载。
染色方法有涂染、揉染、浸染、媒染等。为了染出各种颜色，还有一染、再
染乃至七染这样的复杂工序。人们已掌握了使用不同媒染剂，用同一染料染
出不同色彩的技术。色谱齐全，还用五色雉的羽毛作为染色的色泽标样。

战国时代，刺绣工艺也有了较大发展。出现了"锁绣"针法，所用颜色
复杂多样。

春秋战国时代的华夏服饰

 1. 日常衣物的变化

与西周时期相比，春秋战国时代人们的服装变化并不大。男女衣着通用上衣和下衣裳相连的"深衣"式。大麻、苎麻和葛织物是广大劳动人民的大宗衣着用料。统治者和贵族大量使用丝织物。部分地区也用毛、羽和木棉纤维纺织织物。此外，文献中还明确记载了雨天外出劳动所穿的"笠"和"蓑"。

由于"冠""贯"同音，因此到了这一时期，对于贵族来说，戴冠就有了"一以贯之""始终如一"的意思。他们把冠看得比生命还重要，即便到死，也不能免冠。《左传》记述了孔子的学生子路"结缨而死"的故事。说的是公元前480年冬天，卫国发生内乱，子路与叛军作战，被人砍断了系冠的缨，他说："君子死，冠不免。"于是停下战斗来"结缨"，结果被对方杀死了。

知识链接

朱买臣的官印

《汉书·朱买臣传》中载有这样一则逸事：

朱买臣等待皇帝诏封时，常到会稽官吏在京都的住所吃饭。官拜太守后，他衣帽不变，身怀官印，去原住所吃饭。进门时，官吏们正狂呼乱饮，并不瞧朱买臣一眼。朱买臣也不说话，只进门上桌与大家一块吃饭。有人见其佩一系官印的绶带，感到奇怪，上前拖出官印，见是会稽太守，大吃一惊，遂告众官，大家一时吓得面面相觑，随后赶紧在中庭拜谒。因为当时新官任命时即赐新印，到任后再收回前任的印，缴回京都或者就地销毁。可见，官印就是权力和身份的标志，比官服重要得多。

战国·魏鎏金嵌玉镶琉璃银带钩

这一时期服装种类上新的变化是出现了"衫"。不同于后代的长衫，战国时代的衫仅指一种较宽大、穿着轻松而又方便的衣服，而且没有袖头，而是类似后代戏台上的水袖。

另外女子服装，出现了"续衽"的式样，所谓"续衽"就是将衣襟接长。它改变了过去服装多在下摆开衩的裁制方法，将左边衣襟的前后片缝合，并将后片衣襟加长，加长后的衣襟形成三角，穿时绕至背后，更长的甚至再度回绕至左胸，再用腰带系扎。

这一时期贵族和平民各等级之间对于色彩的要求很自由。据《韩非子》记载，齐桓公喜欢穿紫色的衣服，因此齐国百姓都效仿他穿紫衣，说明春秋战国时代对于色彩并没有严格限制。但与此同时，也产生了颜色搭配的观念。比如《论语》中就记载，孔子认为罩衣的颜色一定要与裘皮的颜色相配。黑色的羔羊皮袍要配黑色罩衣；白色的鹿皮袍配白色罩衣；黄色的狐皮袍配黄色罩衣，等等。

春秋战国时期服饰上的另一个特点是地域差别明显。这是由于西周以后长期实行诸侯分封造成的。比如《晏子春秋》中记载，齐国人好穿黑衣。又记载由于齐灵公喜欢宫中女子穿男装，国都的妇女纷纷效仿。灵公派人禁止却无法禁住。最后晏婴劝说灵公率先禁止宫中女性穿男装，国都内的妇女果然也不再穿了。《左传》当中则记载楚国人喜戴"南冠"，受其影响，临近楚国的陈国也很流行"南冠",甚至国君也戴。

这一时期,深衣仍然用带扎束,但由于发明了带钩,导致带的形制有了较大变化。带钩多为青铜铸造,也有用黄金、白银、铁、玉等制成,在山东、陕西、河南等地出土的春秋战国墓葬中屡有发现。由于用带钩结挂衣带比系扎更便利,逐渐被普遍使用。至战国以后,王公贵族、社会名流都以带钩为装饰,形成一种风气,带钩的制作也日趋精巧。它的作用,除装在革带的顶端用以束腰外,还可以装在腰侧用以佩刀、佩剑、佩削、佩镜、佩印或佩其他装饰物品。

 2. 军服与丧服

春秋战国之交,皮甲胄的发展达到鼎盛,战国皮甲,多以犀牛、鲨鱼等皮革制成,上施彩绘;皮甲由甲身、甲袖和甲裙组成;札甲成为非常成熟的甲式。札甲由表面涂漆的皮片编缀而成,身甲甲片为大块长方形,甲片编缀时,横向均左片压右片,纵向均为下排压上排。袖甲甲片较小,从下到上层层反压,以便臂部活动。另外还出现了铁甲,可数量稀少,但皮甲仍是重要的装备。《荀子·议兵》中就有"楚人鲛革,犀皮以为甲"的说法,表明战国末期楚军仍以皮甲为主。

胄是一种在战场上保护头部的用具,在此前并不见记载,也未见出土实物。但春秋战国时代一定已经有了,最初也是用18片甲片编缀起来的。古人戴胄时并不摘冠,而是连冠一并扣在胄下;但是见到尊者必须摘下,露出冠来,这种礼节称为"免胄"。就算是在战场上,如果己方是由臣下领兵,而对方是由国君领兵,也要向对方国君"免胄"致敬。

春秋时期,形成了比较严格、完善的丧服制度。按照文献的记载,这一时期的丧服分为五等,称为"五服"。五服轻重有差。地位尊崇者服重,地位低位者服轻;与死者关系亲者、近者服重,疏者、远者服轻。五服以内的为有服亲,五服以外的为祖免亲即无服亲。五服的观念在中国影响极为深远。直到今日,民间仍以是否"出了五服"来界定亲属关系的远近。

五服各等级及穿戴的规定如下:

第一等:斩衰。丧服以粗麻布制作,分布时既不用剪裁,也不用撕扯,而是用刀一点点斩断,故称"斩衰";且不缝下边。这些都是为了表示悲痛之情深重,不暇修饰。诸侯为天子、臣为君、子与在室(所谓"在室"指未出

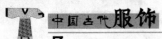
嫁）女为父、嫡孙为祖父丧、妻为妾夫丧均服斩衰三年。

第二等：齐衰。丧服以稍粗的麻布制作。衣裳分制，缘边部分缝缉整齐，故名。齐衰又分四个等次：

（1）子及未嫁之女、嫁后复归之女在父卒以后为母/继母丧，母为长子服齐衰三年。

（2）子、未嫁之女、已嫁复归之女父在时为母、夫为妻，服齐衰杖（手中执杖，俗谓哭丧棒）期（一年）。

（3）男子为伯叔父母、兄弟、未嫁之姐妹、长子以外的众子以及兄弟之子，已嫁女子为父母，嫡孙以外的孙子孙女为祖父母，祖父母为嫡孙，出嗣之子为其本生父母，随母改嫁之子为同居继父，儿媳妇为公婆、为夫之兄弟之子，妾为正妻服齐衰一年。

（4）曾孙、在室曾孙女为曾祖父母，玄孙、在室玄孙女为高祖父母，一般宗族成员为宗子服齐衰三月。也有认为曾孙、在室曾孙女为曾祖父母服齐衰五月。

第三等：大功。丧服以粗熟布制作。妻为夫之祖父母丧，父母为众子妇丧，服大功九月。此外，男子为堂兄弟，为未婚的堂姐妹，为已婚的姑、姊妹、侄女及众孙妇、侄妇等之丧；已婚女为伯父、叔父、兄弟、侄、为未婚姑、姊妹、侄女也服大功。

第四等：小功。丧服以稍粗的熟布制作。男子为伯叔祖父母、堂伯叔父母丧，妻为夫之伯叔父母丧，服小功五月。此外，同宗为曾祖父母、伯叔祖父母、堂伯叔祖父母，未嫁祖姑、堂姑，已嫁堂姊妹，兄弟之妻，从堂兄弟及未嫁从堂姊妹；外亲为外祖父母、母舅、母姨等均服小功。

第五等：缌麻。丧服以稍细的熟布制作。男子为族伯叔父母丧、族兄弟，为妻之父母，以及为外孙、外甥、婿、妻之父母、表兄、姨兄弟等服缌麻三月。

五服在历代的具体穿着规定有时会有变化。我们会在后面的章节中予以说明。

春秋战国时代周边民族服饰一瞥

中原以外，周边一些少数民族的服饰也被记载下来。比如《左传》记载吴人"断发文身，裸以为俗"；《论语》中提到北方的戎、狄"被发、左衽"。

古代官服

到战国时代，公元前307年赵武灵王颁胡服令，推行胡服骑射。胡服指当时"胡人"的服饰，与中原地区宽衣博带的服装有较大差异，特征是短衣，衣长仅齐膝；衣袖偏窄；长裤穿靴或裹腿。这样的服装便于骑射活动。

胡服骑射使赵国在军事上很快强大起来。随之，其他国家纷纷效仿，胡服的款式及穿着方式对汉族军服产生了巨大的影响。成都出土的采桑宴乐水陆攻战纹壶上，即以简约的形式，勾画出中原武士短衣紧裤披挂利落的具体形象。

中山国是战国中期中原以北地区一个由白狄族建立的少数民族诸侯国。河北平山三汲战国中山王墓出土的玉人则展现了该民族的服饰风貌。这个玉人的衣着为左衽、矩形交领、窄袖上衣，大方格纹面料中长裙，裙长及踝。头上插戴高高的牛角形梳冠，形成卷形发饰，颇与今苗族姑娘的角形银冠相似。

第三章

秦汉魏晋南北朝时期的服饰

秦汉时期由于国家统一，服装风格也趋于一致。秦朝是中国历史上第一个幅员广大、民族众多的封建统一国家。秦王政当上始皇帝之后，立即着手推行一系列加强中央集权的措施，如统一度量衡、刑律条令等，其中也包括衣冠服饰制度。魏晋服装服饰虽然保留了汉代的基本形式，但在风格特征上，却有独到突出的地方，这与当时的艺术品和工艺品的创作思路有密切关系，其风格的同一性比较明显。

第一节
秦汉的纺织与服饰

秦汉时期纺织业的发展

　　秦汉时代，已经广泛采用了多种手工纺织机器，特别是踏板织机已经相当完善。踏板织机是带有脚踏提综开口装置的织机的通称。这种织机最早出现的时间尚无可靠史料证明。但根据近年来各地出土的刻有踏板织机的汉画像石等实物史料，可以推测踏板织机的出现恐怕要追溯到战国时代。到了秦汉时期，黄河流域和长江流域的广大地区已普遍使用这种织机。踏板织机采用脚踏板来进行提综开口，这是织机发展史上一项重大发明。它将织工的双手从提综动作解脱出来，专门进行投梭和打纬，大大提高了生产率。以生产平纹织品为例，比原始织机提高了 20~60 倍，每人每小时可织布 0.3~1 米。

绘有脚踏织机和手摇纺车的汉代纺织
画像石（邮票）

　　同时，配合踏板织机适用的束综提花机也已产生，能够织出大型花纹。

　　古代通用的纺车按结构可分为手摇纺车和脚踏纺车两种。手摇纺车的出现可能早于秦汉。因为其图像在出土的汉代文物中多次发现，说明手摇纺车在此时已非常普及。这种驱动纺车的力来自于手，操作时，需一手摇动纺车，一手从事纺纱工作，因此效率较低。脚踏纺车是在手摇纺车的基础上发展而来的，目前最早的记录是江苏省泗洪县出土的东汉画像石。它的驱动力来自脚。操作时，纺妇能够用双手进行纺纱操作，大大提高了工作效率。纺车自出现以来，一直都是最普及的纺纱机具，即使在近代，一些偏僻的地区仍然把它作为主要的纺纱工具。

秦汉时期，纺织品的质量和数量都有很大提高。

特别是汉代，纺织品的品种十分丰富。仅丝织品就有纨、绮、缣（双丝织成的细绢）、绨、紬（粗质的绸）、缦（无花纹的丝织品）、縠（细密的缯帛）、素（未染色、本色的生帛）、练（白色的熟绢）、绫（薄而有花纹的丝织品）、绢、縠、缟以及锦、绣（有彩色花纹的丝织品）、纱、罗、缎（质地厚密、一面光滑的丝织品）等数十种。这说明当时丝织水平已臻纯熟。特别值得一提的是，汉代还出现了彩锦，这是一种经线起花的彩色提花织物，不仅花纹生动，而且还可在锦上织绣文字。长沙马王堆汉墓出土的大量纺织品，反映了当时纺织技术的较高水平。经鉴定，马王堆出土丝织品的丝的质量很好，丝缕均匀，丝面光洁，单丝的投影宽度和裁面积同现代的家蚕丝极为相近，表明养蚕方法和缫、练蚕丝的工艺已相当进步。"薄如蝉翼"的素纱禅衣，长160厘米，两袖通长191厘米，领口、袖头都有绢缘，而仅重49克，最能反映缫丝技术的先进水平。此外，在一号墓出土的丝织品中，还发现了几种起毛锦，说明此时已经创造了起绒织物，且成为我国传统的织锦工艺之一。

知识链接

长沙马王堆汉墓

马王堆位于长沙市东郊浏阳河西岸芙蓉区马王堆乡、长浏公路北侧，距市中心约4公里。原为河湾平地中隆起的一个大土堆。根据当地地方志记载，这里曾为五代时期楚王马殷及其家族的墓地，故名马王堆。堆上东西又各突起土冢一个，其间相距20余米。两冢顶部平圆，底部相连，形似马鞍，故也有人称其为马鞍堆。

1971年底，当地驻军在马王堆的两个小山坡建造地下医院，施工中经常遇到塌方，用钢钎进行钻探时从钻孔里冒出了呛人的气体，有人用火点燃了一道神秘的蓝色火焰。接到消息的湖南省博物馆的侯良马上意识到，人们遇到的是一座古代墓葬。1972年1月，考古队正式对神秘的墓葬进行了科学挖掘，显示出这个墓葬南北长20米，东西长17米，属于大型的古代墓葬。至1974年，先后挖掘出三座汉墓。三座汉墓中，二号墓的是汉初长沙丞相轪侯利苍，一号墓是利苍妻辛追，三号墓是利苍与辛追之子。

马王堆汉墓两千多年来从未被盗，保存完好，因此出土了3000多件珍贵文物，绝大多数保存完好。特别是一号墓出土的历两千年不腐的神奇女尸及三号墓出土的大量帛书文献，为西汉初期历史考证提供了翔实的资料，震惊了世界。其中五百多件各种漆器，制作精致，纹饰华丽，光泽如新。一号墓的大量丝织品，保护完好。品种众多。出土的帛画，为我国现存最早的描写当时现实生活的大型作品。还有彩俑、乐器、兵器、印章等珍品。

汉代的布以麻、葛为主。麻布的质量大大好于前代，有些甚至已经可以和丝、罗、绮等轻质的丝织品不相上下。此外，汉代还把毛织成或赶成毡褥，铺在地上，这是地毯的肇端。

汉代织物上的花纹图案，内容多为祥禽瑞兽、吉祥图形和几何图案，组织复杂，花纹奇丽，线条细而均匀，用色厚而立体感强，花地清晰。在图案织造技术上，主要有彩绘和印染两种形式。

染色工艺这一时期已很发达，有一染、再染，加深加固颜色的技术。以长沙马王堆汉墓出土织物为例，其

长沙马王堆汉墓出土的素纱禅衣

中浸染的颜色品种有 29 种，涂染的有 7 种。特别是绛紫、烟、墨绿、蓝黑和朱红等色，染得最为深透均匀。在染料上，无论是植物性染料、动物性染料还是矿物性染料的运用都取得了很高的成就。

多色套版印花也已出现。这种用印花的方法把素色或单色的丝织物印染成色彩斑斓、花纹美丽的工艺品。1972 年在长沙马王堆汉墓中出土的金银色火焰纹印花纱，是我国目前发现最早的三版套印花丝织物，也是目前已知世界上最早的套版印花织物。

秦汉时代的服制

1. 冠冕

秦汉帝王服饰仍遵循前代，至东汉明帝时期，正式厘定了适应封建政教理想的封建服饰制度，对后世封建服饰文化产生了重大的影响。

首先是对于冕冠的形制有了更为具体的规定。其制为：綖板长一尺二寸，宽七寸，冠表涂黑色，里用红、绿二色。汉朝制度还进一步规定：皇帝冕冠用十二旒，质为白玉，衣裳十二章；三公诸侯七旒，质为青玉，衣裳九章；卿大夫五旒，质为黑玉，衣裳七章。

皇帝的常服仍为深衣，戴通天冠。通天冠原是楚庄王所戴，秦灭六国后，采楚国冠制，定为乘舆时所戴。汉代沿用为天子常服。此外，百官于月正朝贺时，天子也戴此冠。其制：高九寸，正竖顶少邪，直下为铁券，梁前有山，展筒为述。

汉代朝臣职官的品第区别主要在冠。除旒冕和通天冠外，还有长冠（即刘氏冠）、委貌冠、皮弁等作为祭服冠，另外还有其他种类的朝服常冠。只有长冠可作为诸侯王进京朝见天子时的朝服常冠。

远游冠制如通天冠，有展筒横之于前，无山述，为诸侯王日常所戴。

通天冠形制图

委貌冠取"委曲有貌"之意，与古皮弁制同，长七寸，高四寸，上小下大形如覆杯，用皂色（即黑色）缯绢制作，故又名玄冠。这种冠要配合玄端素裳一起穿戴。于辟雍行大射礼时，公卿诸侯、大夫戴此冠。

汉代皮弁例以鹿皮制作。戴弁时，上著缁衣，皂领袖，下着素裳，于辟雍行大射礼时，执事者戴此冠。

进贤冠为儒生文官所戴，其制：前高七寸，后高三寸、长八寸，公侯三梁，中二千石至博士两梁，博士以下的吏员和儒生们皆一梁。汉代文吏穿深衣时，头上必须裹巾帻，再加戴进贤冠。

高山冠形制如通天冠，但顶不邪却，高九寸，无山及展筒。高山冠原为齐王之冠，秦灭齐，将此冠赐近臣，汉沿袭为官吏和近侍所戴。

执法者戴法冠；武将戴武弁。武冠又名

长沙马王堆汉墓出土的戴长冠木俑

赵惠文冠，秦灭赵，即以武冠赐近臣，汉亦用之，曰武弁，一名大冠，诸武官戴之，其制为横向长方形，两端有下垂的护耳，耳下有缨，系于颌下，前额突出，另包巾帻，汉代宫廷侍卫武官还在武冠上加黄金珰、玉蝉等装饰，还戴一条貂尾作装饰品。廷尉、大司马将军在武弁左右加插双鹖尾，故又称鹖冠。

帻就是套在冠下覆髻的巾，幅面较大，可一直覆盖到眉际。起初帻要与冠通时戴。只有平民才单独戴帻而不戴冠。据说汉元帝前额上有较重的汗毛，为了不让人看见，所以平时也带着帻。后来群臣纷纷效仿。也有传说王莽因头秃裹巾，帻才开始被上层士大夫所用，后逐渐普遍。无论传说真假与否，总之只戴帻而不加冠从西汉才开始逐渐成为上层人日常的装扮。在两汉之交，刘玄的军队进入关中地区，还曾因为装备不整，将领们只有帻而未戴冠，被当地百姓笑话。而到了东汉末年，戴巾已经成为文人与武士的高雅装扮。

2. 衣裳

秦朝是中国历史上第一个中央集权的封建国家。秦王政灭六国、当上皇帝之后，立即着手推行一系列加强中央集权的措施，包括统一度量衡、车同轨、书同文、统一刑律条令等，其中也自然包括衣冠服饰制度。不过，由于秦朝国祚过短，服饰制度仅属初创，还不完备，只在服装的颜色上做了统一。

秦始皇深受阴阳五行学说影响，相信秦克周，是水克火。故秦属水德，色尚黑，从此把黑色定为尊贵之色，礼服的颜色也以黑

秦代灰地菱纹袍服

色为最贵重。秦朝国祚虽短，但阴阳五行思想从此渗透进服色思想中。秦代日常生活中的服饰沿袭战国时期，变化不大；男女差别也不大，都是大襟窄袖，不同之处是男子的腰间系有革带，带端装有带钩；而妇女腰间只以丝带系扎。

汉朝建立以后，先取水克火之意，以水德承接秦朝。后考虑到上古五帝时期朝代更迭顺序是五行相生的顺序，又根据当时的状况，转而以火德王天下。因此汉朝的礼服的颜色黑红相间。同时规定百姓一律不得穿杂彩之衣，只能穿本色麻布，直到西汉末年才允许百姓服青绿之衣。

知识链接

五行相生相克

中国传统的五行学说认为，五行之间具有如下相生相克的关系：

木生火，火生土，土生金，金生水，水生木。

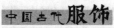
水克火，火克金，金克木，木克土，土克水。

这一观念认为：五行之间的相生相克是密不可分的。没有生，事物就无法发生和生长；没有克，事物会不受约束任意妄为，无法维持正常的协调关系。只有保持相生相克的动态平衡，才能使事物正常的发生与发展。

汉代的政治安定，国力强盛，经济繁荣，促使人民生活富裕，穿衣的风气也走向华丽。

由于纺织技术改进的关系，使得战国以后的服装，由上衣下裳的形式，演变为连身的长衣。汉代流行的服装就是以这种连身的长衣为主，样式以大袖为多，袖口部分称之为祛，收的很小。领口、袖口处绣方格纹等，大襟斜领，衣襟开得很低，领口露出内衣，袍服下摆花饰边缘，或打一排密裥或剪成月牙弯曲之状，并根据下摆形状分成曲裾与直裾两种。曲裾，即为战国以前的深衣，汉代仍然沿用，但多见于西汉早期。直裾在西汉就已经出现，但最初并不能作为正式礼服。之所以如此，是因为这一时期的裤子都是无裆的，仅有两只裤管套在膝部，用带系于腰间。直裾的衣裳遮蔽不严，容易露出羞处，极为不雅。后来随着裤的改进，曲裾绕膝已为多余，到东汉，直裾逐渐普及，替代了原有的曲裾深衣。男子穿深衣者已经少见，一般多为直裾之衣。这种衣服的长度大约是遮住小腿，以便于工作。

汉代贵族的礼服，在领口、袖口以及裙摆的地方，还镶有非常精致的滚边，同时还有许多搭配的饰品，例如皇后祭祖所穿的礼服，领口、袖口以及裙摆都有华丽的滚边，并佩有大绶、小绶以及玉佩等成组的玉饰品作为装饰。

禅衣为仕宦平日燕居之服，上下连属，样

戴帽、穿曲裾服的男子（陕西咸阳出土彩绘陶俑）

汉代直裾样式

式与长服略同，但无衬里，可以穿在长服里面，或在夏日居家时穿着，也可以罩在外面。

赵武灵王实行"胡服骑射"之后，汉族人民也开始穿着长裤，不过最初多用于军旅，后来逐渐流传到民间。将士骑马打仗穿的全裆长裤名为大袴（即裤）。

从文献记载来看，秦汉之际的裤子虽然已可以遮裹整个腿部，但裤裆往往不加缝缀，这是为了便于私溺，因为在裤子之外还著有裳裙，所以不必担心会显露羞处。一直到汉昭帝时，大将军霍光的外孙女上官皇后为了阻挠其他宫女与皇帝亲近，就买通医官以爱护汉昭帝身体为名，命宫中妇女都穿在前后用带系住的"穷裤"，穷裤也称"缇裆裤"，以后有裆的裤子就流行开来。

汉代男子所穿穷裤，没有裤腰，裤管很肥大。有的裤裆极浅，穿在身上露出肚脐。

 3. 鞋袜

至秦汉之时，鞋袜的式样已非常丰富，有皮靴、皮鞋、木鞋、草鞋、麻鞋、丝履等多种。西汉初年，汉文帝提倡节俭，改穿革履，引起上下效仿。富人在皮鞋上包绸缎的鞋面，在鞋口沿上丝带，制成极为美观精致的革履。

 秦汉军服与少数民族服饰

 1. 军服

秦始皇陵兵马俑的发现，为我们全面、系统地了解秦代军服提供了第一手材料。

清代官员的礼帽

清代官员的礼帽十分特殊，就是人们很熟悉的拖着羽毛长翎的圆顶大帽。它分为两种：一种是从8月戴到来年2月，叫暖帽，另一种在3月至8月戴，叫作凉帽。暖帽为圆形，中间圆顶，周边有一道宽折檐，用黑色的呢料、绒布或绸缎制成。帽檐是貂皮、海龙皮、狐皮等名贵皮料做成。帽子顶上缀有红色的帽纬，中央装着顶珠。顶珠用宝石、珊瑚、金、银等制作，是区分官品高下的重要标志。凉帽是一个圆锥体的笠帽，用玉草或藤丝、竹丝编成。外面罩上罗纱，缀有红色帽帏，加有顶珠。皇帝的帽子最为华贵，有3层帽顶，上面嵌有金龙。冠顶用金丝嵌制，上镶4条金龙，每条龙都口衔宝珠，冠顶中央嵌1颗大珍珠，周围也嵌有珍珠宝石。

据文献记载，在战国末期，秦朝军队就已经大量装备坚实精密的金属盔甲。这也是秦国军队战斗力强的一个重要原因。相比之下，秦统一天下以后的军事装备又有了进一步的发展，从秦俑坑出土的陶质模拟品看，全部都是皮革和金属札叶结合制成的合甲，品类完备，制作精密。甲衣由前甲（护胸腹）、后甲（护背腰）、披膊（肩甲）、盆领（护颈项）、臂甲（护臂）和手甲（护手）等部分组成，各部分均由正方形或长方形的甲片编缀而成的，铠甲里面要衬以战袍，防止擦伤身体，且因兵种、身份、战斗需要的不同而各有不同。

将、佐的甲衣则十分讲究。甲的胸、背、肩部分为皮革，腹及后腰的中心部分是金属小札叶；前胸下摆呈倒三角形，长垂膝间；后背下摆平直齐腰。胸前、背后未缀甲片，皆绘几何形彩色花纹，似乎是由一种质地坚硬的织锦制成，也有可能用皮革做成后绘上图案。

骑兵必须便于骑射，其甲衣比较短小，长仅及腹，没有披膊。车御（即驾车人）的臂、手、颈易受攻击，其甲衣在结构上更加复杂，不仅有前甲、后甲，还有臂甲、手甲甚至盆领。

　　步兵铠甲是普通战士的装束，属于贯头型，衣身较长，穿的时候从上套下，再用带钩扣住固定。由于步兵是作战的主力，也最容易受伤害，故此其甲衣多由前甲、后甲和披膊等三部分合成。这类铠甲有如下特点：胸部的甲片都是上片压下片，腹部的甲片则是下片压上片，以便于活动。从胸腹正中的中线来看，所有甲片都由中间向两侧叠压，肩部甲片的组合与腹部相同。在肩部、腹部和颈下周围的甲片都用连甲带连接，所有甲片上都有甲钉，但数量不等。或二或三或四，最多不超过六枚。甲衣的长度，前后相等，下摆一般为圆形。

　　西汉时期，铁制铠甲更加普及，并逐渐成为主要装备，这种铁甲当时称为"玄甲"。在满城汉墓（西汉中山靖王刘胜及其妻窦绾之墓），发现了 2800 多块甲片组成的全副铠甲的兵马俑。当时的铁甲，每副至少几百片，分领叶、身叶、分心叶和腋窝叶等。甲片的形状已不是单一形状。有方形、长方形、扁方形，还

秦始皇陵兵马俑——将领俑

有加以修饰的鱼鳞状或龟纹状。

　　汉代军服在整体上有很多方面与秦代相似，军队中不分尊卑都穿禅衣，下穿裤。禅衣为深衣制。汉代军服的颜色以红色为主。

　　汉代军人的冠饰基本上是平巾帻外罩武冠。东汉时期，武吏还有在平巾帻外加沙冠的习惯。汉代戎服外一般束两条腰带，一条为皮制，一条为绢制。武士主要穿靴履，以履为主，有圆头平底、月牙形头等样式。

　　汉代是我国武官制度初步形成的时期。春秋以后，军队规模日益扩大，军中兵种和战略战术也不断复杂，于是出现了一些专门的军事家，形成了实际上的专职武官。区别官兵身份的不仅是服饰，还有军服上的徽识。军服上标出徽识在先秦时代已有制度。汉代的徽识，主要有章、幡和负羽三种。章的级别较低，主要为士卒所佩戴，章上一般要注明佩戴者的身份、姓名和所

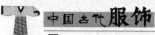

属部队，以便作战牺牲后识别。幡为武官所佩戴，为右肩上斜披着帛做成的类似披肩的饰物。负羽则军官和士卒都可使用。

古代肚兜

 2. 少数民族服饰

秦汉时代周边许多少数民族的服饰均被记载下来。北方的匈奴人，衣皮革，被毡裘，裤腿较瘦，帽子呈尖顶或椭圆形，帽带护耳，以貂皮贴边，以革筒（皮制铠甲）或铁甲为护具，穿名为"络鞮"的高统皮靴，爱用金、银、铜、琉璃、玉石做饰品。居于东南地区的百越人穿左衽衣服，剪发文身，以丝绸、麻布、纱衣、织锦为布料，额头臂上刻纹，发式为"被发""椎髻"等，主要以玉器为装饰品。岭南一带的越人穿筒裙。西南地区的滇人，男性衣左衽，长至膝部，头裹巾，前额有圆形饰物；女奴耳坠大环，髻后垂作银锭式，对襟袍服，腕间戴有多箍金镯。

第二节
魏晋南北朝纺织与服饰

 魏晋南北朝时期纺织技术的发展

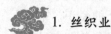 **1. 丝织业**

魏晋南北朝时期是我国传统丝织业发展最大的一个时期。从养蚕到纺织，

几乎每一个工艺流程都较前代有了飞跃性的进步；丝织业在祖国的大江南北遍地开花，我国传统丝织业生产中心几乎都是在这一时期开始形成并一直延续到后代。

在此之前，我国蚕桑业比较发达的地区是黄河中下游；从这一时期开始，巴蜀蚕丝业也兴盛起来。以四川生产的"蜀锦"也成为三国时期最著名的产品。从三国到两晋，四川的织锦业逐渐发展而占全国的领导地位。据《华阳国志》记载，当时的巴郡、巴东郡、巴西郡、涪陵郡、蜀郡、永昌郡等均有蚕桑生产。锦有瑞兽纹、树纹、狮纹、菱花纹、忍冬菱纹、兽纹、鸟兽树木纹、双兽对鸟纹、几何纹、条带连珠纹等。绮有龟背纹，对鸟对兽纹等。蜀锦在蜀汉的国家经济生活中也占据了重要地位。蜀汉政权还曾以之作为军饷的重要来源。蜀锦的织造技术很快传到魏、吴以及云南，贵州，广西等兄弟民族居住的地区。

此期洗练技术的进步主要表现在三方面：一是使用了冬灰和荻灰，说明草木灰品种较前有了扩展。二为增加白度，使用了"白土"助白。这种白土应属膨润土或高岭土类，内含硅铝化合物。三对洗练用水有了一定认识。蜀锦的制作明确规定洗练时必须用长江之水而不能用沱江之水。

魏明帝时魏国杰出的发明家马钧改革了提花机。马钧是一位出色的机械制造家，字德衡，扶风（今陕西兴平）人。生卒年不详。他看到当时织绫机构造繁复，效率低，费工费时。经过他的改造，织机的生产效率成倍提高。织出来的花绸，图案向着复杂的动物和人物图纹方向发展，对称而不呆板，花型多变而不杂乱。整体图案绮丽，织物表面具有立体感。此后魏的丝织技术与蜀不相上下。

知识链接

杨泉《织机赋》

西晋杨泉的《织机赋》描绘新型织机采用以后手工丝织工场的劳动

场景：

取彼椅梓，桢于修枝。

名匠聘工，美手利器。

心畅体通，肤合理同。

规矩尽法：

足闲踏躁。手习槛匡。

节奏相应，五声激扬。

从吐鲁番出土的文书上看，至迟在公元五世纪，西域的高昌地区就有了丝织业。在十六国和稍后的文书中，明确冠以西域地名的丝织品就有"丘慈锦""疏勒锦"。说明此期间西北少数民族的丝织业已相当发达。

现存这一时期西北丝织品的主要实物是出土于新疆吐鲁番阿斯塔那墓葬的织锦。这些锦仍以经锦为主，花纹则以禽兽纹结合花卉纹为其特色。夔纹锦，残长 30 厘米、宽 16.5 厘米，由红、蓝、黄、绿、白五色分段织成。方格兽纹锦，残长 18 厘米、宽 13.5 厘米，经线分区分色由红、黄、蓝、白、绿五色配合显花。每区为三色一组，在黄白地上显出蓝色块状牛文，在绿白地上显出红色线条状的狮纹，在黄白地上显出蓝色线条状的双人骑象纹，把方格纹、线条纹和块状纹结合成特殊风格的图案。另一块树纹锦的经纬密度为 112 根/厘米和 36 根/厘米，用绛红、宝蓝、叶绿、淡黄和纯白五色织成。织造方法和上述两种纹锦基本相同。1959 年，吐鲁番阿斯塔那北区墓葬出土有北朝树纹锦，经纬密为 112×65299×6 根/厘米，用绛红、宝蓝、叶绿、淡黄、纯白五色丝线织出树纹。1966 年和 1972 年吐鲁番阿斯塔那墓葬还出土有联珠对孔雀贵字锦、对鸟对羊树纹锦、胡王牵驼锦、联珠贵字绮和联珠对鸟纹绮等品种，其中联珠是第一次发现的特殊纹锦。

江南地区的蚕桑业也有了一定发展。从孙吴末年开始，统治者竞相穿用丝绸之风也逐渐南侵，奢靡之风渐盛。

晋室南渡以后，南方的家庭纺织业发展很大。养蚕缫丝的技术水平大幅

对鸡对羊灯树纹锦

提高。到南朝时期，在今江西地区蚕已达一年四熟至五熟；浙江温州一带甚至达到八熟。到刘裕灭后秦以后，把关中地区的锦工强迁江南，在今江苏南京设立了"锦署"。江南从此成为织锦重镇。虽然当时江南的纺织业生产水平还未超过北方，但已经为唐宋时代跃居第一位积蓄了力量。

杀蚕取丝，秦汉时期主要是利用薄摊阴凉，或日晒杀蛹等方法。但这样取得的丝白而薄脆，质地欠佳。南北朝时发明了盐腌杀蛹法，这样既有效地控制了缫丝时间，又提高了生丝质量。

北魏统一北方后，家蚕饲养技术取得了较大的进展，其中较为重要的是低温催青法和炙箔法。低温催青就是利用低温来控制蚕种的孵化时间。一般二化蚕第一次产卵后，在自然状况下，经七八天就会孵化出第二代蚕来，但如果采用低温控制，便可在 21 天后孵化，从而在较大幅度上调节了养蚕时间。

炙箔也就是暖烘蚕箔。炙箔最初的目的是为了令蚕快速作茧，此外由于烘烤之故，蚕丝一旦吐出即刻变干，还大大提高了蚕丝质量。炙箔技术一直沿用了下来。

到北魏太武帝时，平城宫内曾有婢使千余人织绫锦，足见官府绫等丝织产品数量之巨。

魏晋时期，织锦的传统作风还是较浓的，北朝之后就渗入了许多中亚少数民族气息，如构图题材增加了许多中土所不熟悉的大象、骆驼、翼马、葡萄等生物图像；在构图方式上，中原传统的菱形纹、云气纹多被中亚的团窠形、双波形、多边形代替。

秦汉时期的锦大体上是平纹组织为地，

"胡王"联珠纹锦

1964 年新疆吐鲁番阿斯塔那古墓出土的前凉织成履，现藏新疆维吾尔自治区博物馆

经线起花的；大约北朝后期开始出现了纬显花技术。这一技术的出现可能与波斯锦以及西北少数民族毛织技术的传入都有一定关系。

此期考古实物有 1964 年阿斯塔那前凉（317—376 年）末年墓出土的一双织成履，长 22.5 厘米，宽 8 厘米，高 4~5 厘米，用褐红、白、紫、黑、蓝、土黄、金黄、绿八色丝线依照履的形式用通经断纬的方法织成，鞋面上织出有汉字隶书富且昌宜侯天天延命长 10 字隶书铭文。此即是汉晋文献中说到的丝履。

魏晋南北朝时，中外在丝绸和蚕桑技术上的交流更加活跃起来。可能早在公元前六世纪至五世纪，中国的丝绸就传到了波斯帝国。把中国称为丝国并最先把它介绍给西方的是希腊人克泰西亚斯，大约 5 世纪末他在波斯谋生，并曾在波斯王宫充当御医。公元 1 世纪的罗马博物学家普里尼在《自然史》一书中就记录过一段关于丝绸的文字。前云新疆出土了大量魏晋南北朝丝织品，便是我国丝绸西传的重要证据。此时养蚕技术亦传到了西方，据说公元 550 年时，东罗马皇帝尤斯提尼阿奴斯决意创建缫丝业，当时两位到过中国的波斯僧侣把蚕卵藏于通心竹杖中，偷运出境，献给了东罗马皇帝。

景初二年（公元 238 年）十二月，倭王特使赠魏王斑布 2 匹 2 丈等物，魏王回赠倭女王绛地交龙锦 5 匹，绛地绉粟罽（毛织品）10 张，茜绛 50 匹，绀青 50 匹，又赐倭王绀地句文锦 3 匹，细班（斑）华罽 5 张，白绢 50 匹。正始四年（243 年）倭王又遣使献给魏廷倭锦，绛青缣、绵衣、帛布等物。一般认为，丝织提花技术，以及印板花技术就是在此时传到日本去的。

2. 麻纺织、毛纺织与棉纺织

魏晋南北朝时，麻类纤维仍被广泛地使用着。但因为气候的关系，到了魏晋以后，我国北方已不再适宜苎麻生长，而大麻则盛极一时。麻布的生产在南朝时有了很大的提高。据记载，自东晋至南朝各代，政府的户调制皆布绢兼收；但绢的实际收入往往不及麻布之数。历代对臣僚的赐品亦是布多于绢的，且士大夫之俭朴者亦以麻类衣着为常服。

这一时期，麻加工技术也有了较大进步，主要表现是对沤渍脱胶的用水量、水温、沤渍时间都有了一定认识。要求在冬季用充足的温泉水沤渍，这样获得的麻纤维洁净而又避免生脆，与现代技术原理基本相符。

西北民族地区少数民族的毛纺织业早已特别发达，已能生产出优美的毛织品。南北朝时期，我国各民族之间出现了文化大融合、大交流的局面。毛纤维的加工利用技术有了一定进步，毛纤维的种类也有了扩展。毛毯编织技术也有了新的发展。用毛纱制成的毛毯，具有防风、隔潮、保暖的特点。

《齐民要术》卷六《养羊》条还简要地谈到了铰毛的时间和方法，说白羊（即绵羊）每年可铰毛三次；羖羊（即山羊）只可铰毛一次。这显然都是人们在长期的生产实践中总结出来的。

知识链接

清朝的"顶戴花翎"

清朝是由满族贵族用武力征服汉族后建立的，在他们统治天下后，虽然废弃了延续几千年的汉族衣冠，但仍然将冠帽作为区别官阶的重要标志，

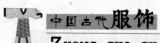
所谓"顶戴花翎"最有特点。

"顶"指清朝官员冠帽上的顶子，顶子是区别官阶品级的重要标识，分朝冠用及吉服冠用两种。朝冠顶子共有三层：上为尖形宝石，中为球形宝珠，下为金属底座。吉服冠顶则少尖形宝石，底座或用金，或用钢，上面镂刻花纹。在底座、帽子及顶珠的中心，都钻有一个直径5毫米的圆孔，从帽子的底部伸出一根钢管，然后将红缨、铜管及顶珠串连，再用螺纹小帽旋紧。以顶珠的颜色和材料反映官阶品级，按照规定：一品官用红宝石；二品官用红珊瑚；三品官用蓝宝石；四品官用青金石；五品官用水晶；六品官用砗磲；七品官用素金；八品官用阴文镂花金；九品官用阳文镂花金。

比起顶珠，花翎更有特色。花翎是由孔雀尾的翎羽制成，所以也叫孔雀翎。花翎有单眼、双眼、三眼之分，所谓"眼"指的是孔雀翎上的犹如人眼状的圆花纹，一个圆圈就是一眼，没有眼的叫蓝翎。

清官冠帽上的花翎最富有"辨等威，昭品秩"的意味，它以翎眼的多少标识等级。据《清史稿·礼志》和《清会典事例·礼部·冠服》记载：皇室成员中爵位低于亲王、郡王、贝勒的贝子和固伦额驸（皇后所生公主的丈夫），有资格享戴三眼花翎；清宗室和藩部中被封为镇国公或辅国公的贵族，还有和硕额驸（妃嫔所生公主的丈夫），戴双眼孔雀翎；五品以上，在皇宫任职的内大臣、前锋、护军各统领、参领（任职之人必须是满洲镶黄旗、正黄旗、正白旗出身），戴单眼孔雀翎。五品以下戴无眼蓝翎，并非孔雀翎，而是以染成蓝色的鹖鸟的羽毛作成，是借用汉代鹖冠之意。五品以下在皇宫王府服务的侍卫官员享戴蓝翎，地位较低而建立了功勋的军官有时也能得到戴蓝翎的赏赐。

按上面的规定，只有内臣可戴花翎，而在京城之外任职的文臣武官均无此待遇。即使是按出身可以戴花翎的王公贵族也不是生下来就可戴用，而是要在10岁时，经过必要的骑、射两项考试，合格者才具备资格，这是清朝尚武风气犹存的表现，只是后来渐渐废弃不用。可见，清初对花翎尤为重视。

1959 年，新疆巴楚脱库孜萨耒北朝遗址出土了织花毯、毛织带等毛织物，经检测，其纤维宽度分别为 33.67 微米和 31.08 微米，纤维支数分别为 827 公支和 514 公支；1964 年，哈拉和卓前凉建兴 36 年（348 年）墓出土一毛织物残片，平纹，经纬密分别为 11 根/厘米和 8 根/厘米。经线加捻得较细较紧。

　　1975 年，吐鲁番哈喇和卓出土一件高昌早期（6 世纪中后期）罽，织法和传统锦的织法一样，经显花，有红、黄、白、褐四色。纬线为红褐色，每平方厘米明、夹纬各 6 枚，经线 17 枚。

　　新疆于田屋于来克北朝遗址出土的方格呢和紫色褐。方格呢残长 15.7 厘米，宽 12.5 厘米，经纬密度为 18 根/厘米和 15 根/厘米，用青、黄两色织成方格纹。紫色褐残长为 15.5 厘米，宽 6 厘米，经纬密度均为 25 根/厘米。另一块是蓝白印花斜褐，用二上一下斜纹组织，经纬密度均为 22 根/厘米，织物有细薄精密效果。另一块黄色斜褐，残长 11.5 厘米，宽 9.5 厘米。经纬密度为 12 根/厘米和 9 根/厘米，组织是二上二下斜纹，捻向为 Z 和 S，织物有粗犷感。新疆巴楚脱库孜沙来遗址出土的栽绒毯两块，其中一块菱纹栽绒毯残长 19 厘米，宽 12 厘米，经纬密度为 3 根/厘米和 4 根/厘米，绒组织仍用马蹄形打结法，用原棕色毛和黄、蓝、红彩色线编织成四个相邻的大菱形纹饰，再以红、棕、蓝三色在菱纹内显出四个对称的小菱纹。装饰性很强，是新疆

古代棉服

古代民族图案的特有风格。

除了羊毛外，此时还使用了一些其他禽兽毛纤维。如南齐曾为皇室提供孔雀羽毛织成的裘，光彩金翠，但这种极为奢华的纺织品自然是十分稀少和珍贵的。

这一时期纺织原料范围进一步扩大，棉纺织开始在西北、西南以及东南和南部沿海一带出现。早在东汉时期，居住在今云南保山一带的"哀牢夷"已经学会种植草棉并用来织布。到魏晋时代，岭南地区珠江，闽江流域已经广泛种植草棉纺织。

天山脚下，塔里木盆地周围也出现了草棉种植和棉纺织业。1956 年新疆民丰县沙漠中的东汉墓葬中就出土了棉织品。到了南北朝时期，新疆地区的棉纺织业已具有了一定的发展。1964 年，吐鲁番阿斯塔那晋墓出土过一件布俑，身上衣裤全都是棉布缝制的。1959 年，于田县屋于来克遗址的北朝墓出土一件棉布裙褶，长 21.5 厘米，宽 14.5 厘米，经纬密为 25 根/厘米和 21 根/厘米，比较致密，用本色和蓝色棉纱织出方格纹。在阿斯塔那高昌时期墓葬中还发现有高昌和平元年（551 年）借贷棉布和锦的契约，其中提到：一次借贷棉布达 60 匹之多，说明吐鲁番一带的棉织业已相当发展。

但由于运输不便，导致棉布在内地的使用还不很普遍，只是作为贡品或通过交易少量流入，因此均被视为珍品馈送。在南方，棉织品甚至一直属于贵重织物，普通人不得穿着。

到了南朝梁武帝时期，由于这位皇帝崇信佛教，在他看来，缫丝需要杀死蚕，丝织品的制作杀生太多。所以虽贵为帝王，他仍然身穿麻布衣，但却使用贵重的棉布作为宫闱的装饰。

3. 印染技术的发展

魏晋南北朝的纺织品的染色印花技术大体上是沿用前世的一些操作，但也有一些新的发展。主要表现在对靛蓝和红花的认识和使用上。

靛蓝染色在先秦时期已经使用较广，汉后便已相当成熟，魏晋南北朝时，出现了种蓝、制蓝和染色的有关记载。此时已打破了蓝草染色的季节性限制，这是制蓝技术的一大进步。据《齐民要术》记载，在制蓝的过程中还要加入石灰，使染液发酵，在发酵中靛蓝被还原成靛白；靛白具有弱酸性，加入碱性的石灰可促进还原反应的迅速进行。靛白染色后，经空气氧化又可复变为鲜艳的靛蓝。这是蓝草制靛工艺的系统总结，也是世界上关于造靛技术的较早记载之一。这一工艺与现代合成靛蓝的染色机理是完全一致的。

红花是一种红色染料。虽汉代已经种植和使用，但到了魏晋南北朝才推广开来。有关红花提取的记载亦始见于这一时期。《齐民要术》卷五《种红花蓝花栀子》条曾记述过一种民间泡制红花染料的"杀花法"，虽然工艺较简陋，但其基本原理与现代染色学红花素提取是完全一致的。

此外，据《南方草木状》记载，西晋时还使用了苏枋来染红，其色素为媒染性染料，对棉、毛、丝等纤维均能上染，经媒染剂媒染后，具有良好的染色牢度。

型版印花技术在魏晋南北朝进一步推广开来。目前在考古发掘中看到的实物有新疆于田屋于来克北朝遗址出土的蓝白印花斜褐，用二上一下斜纹组织，经纬密均为 22 根/厘米。

印花型版计有镂空型和凸纹型两种。此期最值得注意的是镂空型中的夹缬。

关于夹缬的生产工艺，就蓝白花布而言，大体上是属于镂空型版双面防染印花范畴的，相传其操作要点是将缯帛夹于两块镂空型版之间加以紧固，勿使织物移动，于镂空处涂刷或注入色浆后，解开型板，花纹即现。夹缬之名，大约就是夹持印花之意。1959 年，于田屋于来克遗址出土一件残长 11 厘米、宽 7 厘米的蓝白印花棉布，其工艺已相当成熟，说明夹缬已成为民间日常服饰所用。

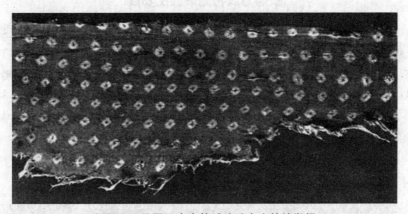

新疆于田县屋于来克故城遗址出土的绞缬绢

与夹缬相近的还有两种分别叫蜡缬（蜡染）和绞缬的印花工艺。大约在秦汉之际或稍早，西南少数民族便已采用蜡缬，多以靛蓝染色。汉代已经相当成熟。南北朝时期，它除了染制棉织品外，还用到了毛织品中。蜡染的操作要点是：甩蜡刀蘸取蜡液在预先处理过的织物上描绘各式图样，待其干燥后，投入靛蓝溶液中防染，染后用沸水去蜡，印成蓝底白花的蜡染织物。

绞缬是一种机械防染法，就是依据一定的花纹图案，用针线将织物缝成一定形状，或直接用线捆扎，然后抽紧扎牢，使织物皱拢重叠，染色时折叠处不易上色，而未扎结处则容易着色，从而形成别有风味的晕色效果。这种染色方法在东晋时期已相当成熟。南北朝时期，出现了历史上有名的"鹿胎紫缬"等图案，梅花形、鱼子形等纹样也已广泛地使用于妇女的服饰。新疆于田县屋于来克故城遗址出土的绞缬绢，大红地上显出行行白点花纹。1963 年，阿斯塔那建初十四年（418 年）韩氏墓出土有绞缬绢，绛地，白色方形花纹，平纹。

三国两晋时期的织物纹样，基本沿袭东汉传统。从南北朝开始，有了新的发展，在图案构成上，虽仍保留两汉、魏晋的传统形式，但龙凤的造型，却具有了明显的时代特征。其次是花鸟植物纹样逐渐多了起来。

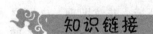

知识链接

康熙为汉将施琅破例赏赐

明朝降将施琅，康熙年间因平定台湾立功，受到康熙皇帝赏识，被赐封"世袭罔替"的靖海侯。古代武将的最高愿望就是到战场建立军功，以得封妻荫子，光宗耀祖。按理，施琅所得已可满足，但他却向宫廷上书，力辞侯任，请求"照前此在内大臣之列赐戴花翎"。这件事引起朝廷震动，特意提交礼部议论，礼部官员一致认为将军提督在外，从无赏戴花翎的先例。为此，驳回施琅的请求，后来，还是康熙帝力排众议，下旨破例赏赐戴花翎。

施琅以天子所赐"世袭罔替"的侯爵之位去换取一枝花翎，可以想见当时崇尚花翎的风气。

魏晋南北朝服装的变化

1. 冠冕与发式

魏晋南北朝时期的冠冕制度，大体承袭汉代遗制，但具体形制还是有一些变化。首先是巾帻的后部逐渐加高，中呈平形，体积逐渐缩小至顶，成为平巾帻或小冠。这种小冠非常流行。如果在小冠上再加笼巾，就称为笼冠。笼冠多用黑漆细纱制成，故也称漆纱笼冠。

下图中，左为戴小冠的侍从，江苏南京中央门外小红门出土陶俑。中为戴笼冠的贵族男子，河南巩县石窟寺石雕。右为戴卷荷帽的吹鼓手，河南邓县出土彩色画像砖。

还有一种高顶帽的，有多种变化形式。有的带有卷荷边，有的挂有下裙，有的带纱高屋，有的带有乌纱长耳。公元 7 世纪前后，后周开始流行一种突骑帽，应当是从北方游牧民族所戴的风帽演变而来。

魏晋南北朝时期的妇女发式，与前代不同。魏晋流行的"蔽髻"，是一种假髻，其髻上有金饰，但这种发式有严格的等级制度，非命妇不得使用。

普通妇女除将本身头发绾成各种样式外，也有戴假髻的。不过这种假髻比较随便，髻上的装饰也没有蔽髻那样复杂，时称"缓鬓倾髻"。

另有不少妇女模仿西域少数民族习俗，将发髻绾成单环或双环髻式，高耸发顶。还有梳丫髻或螺髻者。在南朝时，由于受佛教的影响，妇女多在发顶正中分成髻鬟，做成上竖的环式，谓之"飞天髻"，这种发式先在宫中流行，后在民间普及。

《北齐校书图》从中可以看到男裹巾，女梳双丫鬟、小衫长裙、肩上披有帔巾。

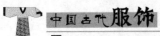

此外在民间还使用假发作各种发式，常见的还有灵蛇髻、盘桓髻（以头发反复盘桓然后作髻）、十字髻（头顶作十字形髻，余发下垂过耳），等等。有的更将假发装在头上以增加其高度，有的使之自然危、邪、偏、侧，以表现妩媚的风姿。发髻上再饰以步摇簪、花钿（用金、银、珠、玉等做成的花朵形，用以掩饰头髻的短腿簪子）、钗、镊子，或插以鲜花。少女则梳双髻或以发复额。

 2. 礼服

魏晋南北朝时期的宫廷礼服基本沿袭汉代风格。各级冕服的形制、服色大体相同。差别在于衣裳上的章纹数量及织造方法：天子用十二章，三公诸侯用山龙等九章，九卿以下用华虫等七章；天子用刺绣文，公卿用织成文。

各级官员进行不同礼节时还各有不同的服色。如委貌冠服、黑衣素裳，为公卿行卿射礼之礼服。此外，皇后及高级命妇也均有礼服。如皇后谒庙时所穿祭服，也是皇后的嫁服。妃、嫔、命妇陪同皇后谒庙，要穿佐祭服。皇后行亲蚕礼时还有专门的亲蚕服，相应地，妃、嫔、命妇也有助皇后行亲蚕

古代结婚女子服饰

礼的助蚕服。

除礼服外，朝服也同于汉代，天子与百官之朝服以所戴之冠来区别。天子的朝服为通天冠服；皇太子及诸王为远游冠服。魏晋时，百官朝服用朱色，常服用紫色。此外，天台近侍及宿卫等官着品色衣。

3. 常服

魏晋以来，社会上玄学盛行，酝酿出文士的空谈之风。他们崇尚虚无，蔑视礼法，放浪形骸，任情不羁。在服饰方面，他们穿宽松的衫子，衫领敞开，袒露胸怀反映了社会意识和服装形式的内在关系。

这一时期的百姓的常服主要有两种形式：

一为汉族服式。传统的深衣，到魏晋时男子已很少穿了，女子深衣在衣服下摆施加相连接的三角形装饰，在深衣腰部加围裳，从围裳伸出长长的飘带，走动时可以起助长动姿的作用。这种装饰始于东汉，在魏晋时代成为女装的主流。

男子的服饰，主要是衫。与汉代的直裾长袍相比，衫的袖口宽敞，也不需施祛。而且由于不受衣祛等约束，魏晋时代的衫日趋宽博，渐成风俗，并一直影响到南北朝服饰。整个南北朝期间，上自王公名士，下及黎庶百姓，都以宽衫大袖为尚。衫的形制仍继承了汉族服装的特点，以对襟交领为多，领、袖都施有缘边。南北朝的裤有小口裤和大口裤，以大口裤为时髦，但穿着行动很不方便，故用三尺长的锦带将裤管缚住，称为缚裤。

魏晋时期的女子在深衣的下摆部分要接上重重叠叠的三角形装饰布，又在腰上系围裳，从围裳下面再伸出许多长长的飘带。由于使用了轻柔飘逸的丝绸材料，所以这两种装饰使女子在走动的时候，更加富有动感和韵律感。后来，这两种装饰逐渐合二为一，这就是杂裾垂服的造型。

上海博物馆藏唐·孙位《高逸图》。从中可见戴巾子、穿宽衫的士人形象

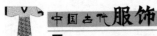
南北朝时期，一些少数民族首领初建政权之后，认为他们的民族服饰不足以炫耀其身份地位的显贵，甚至以民族特色为耻，便纷纷改穿汉族统治者所习用的华贵服装。尤其是帝王百官，更醉心于高冠博带式的汉族章服制度。这其中最有代表性的是北魏孝文帝的改制。公元486年，孝文帝本人始服衮冕；公元494年改革其本族的衣冠制度。公元495年接见群臣时他就班赐百官冠服，用以更换胡服。

虽然孝文帝改革的决心和力度都很大，但由于服装是民族传统文化的象征，有民族的习惯性。鲜卑族原来的服装样式是鲜卑族人民在长期劳动中形成的，比汉族服装紧身短小，且下身穿连裆裤，便于劳动。因此鲜卑族的平民百姓不习惯汉族的衣着，有许多人都不遵诏令，依旧穿着他们的传统民族服装。各级官员们也都是"帽上着笼冠，裤上着朱衣"，连魏文帝的太子也私着胡服，甚至最后从洛阳逃回平城，终被废为庶人。

与孝文帝改革的努力相反，包括鲜卑族服装在内的北方少数民族服装，

穿杂裾的妇女。唐·顾恺之《洛神赋图》局部

不仅各族人民没有完全放弃，在汉族劳动人民中间也得到推广，最后连汉族上层人士也穿起了各色各样的胡服。其根本原因，就是北方胡族服装便于生产活动，有较好的劳动实用功能，因而对汉族民间传统服装产生了自然传移的作用。在同一时期，西域各国商民来到中国经商，在中国归附定居的也不少。南北朝时期这种胡汉杂居，来自北方游牧民族和西域的服饰与汉族传统服饰长期并存、互相影响，构成了南北朝时期服饰文化最重要的特点。

在来自北方游牧民族的各种服式中，最为重要的是裤褶服。裤褶的基本款式为上身穿左衽齐膝大袖衣，下身穿肥管裤。裤褶常用较粗厚的毛布来制作。这是因为丝绸又薄又脆，不适于马上生活。《史记·匈奴传》中就曾记载，西汉每年赐匈奴酋长大量丝织品缯帛，但匈奴人在游骑中易于被草棘刮破，不如毛布结实。因此，从匈奴人的时代开始，北方民族的马上服装一律不用丝绸制作。骑马奔驰穿较短的上衣，自然也更方便。秦汉时期，汉族人也穿裤和短上襦，合称襦裤，但贵族必于襦裤之外加穿袍裳，因为贵族是不得只穿短上衣和裤外出的。只有骑马或从事其他劳动的人为了行动方便，才直接把裤露在外面。

《三国志·魏志》记载，魏文帝曹丕为魏王世子时，穿了裤褶出去打猎，还有人劝他不要穿这种异族的贱服。但仅仅过了50多年，到了晋代，裤褶就被规定为戒严之服，不仅皇帝的卫队穿着裤褶，天子和百官都可以穿。上层社会男女也都穿裤褶。汉族的裤褶用锦绣织成料、毛罽等来制作，穿着时脚踏长勒靴或短勒靴。裤褶的用处非常广，能够做朝服、军服、便服、从贵族到庶民均用到它。南朝的裤褶，衣袖和裤管都更宽大，即广袖褶衣、大口裤，这种形式，又反过来影响了北方的服装款式。

尽管如此，在正式的礼仪场合仍把穿着裤褶视为不雅。《宋书》中记载宋后废帝刘昱就常穿裤褶而

加拿大多伦多皇家博物馆藏北魏彩绘陶文武士俑，下身所服多为裤褶

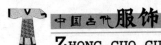
不穿衣冠。《南史》也说齐东昏侯把戎服裤褶当常服穿。《梁书·陈伯之传》记载,有一个叫褚缉的人还写了一首诗以讽刺北魏人穿裤褶。诗曰:"帽上着笼冠,袴上着朱衣,不知是今是,不知非昔非。"

两当也是北方少数民族的服装,最初是由军戎服中的两当甲演变而来。这种衣服不用衣袖,只有两片衣襟,其一当胸,其一当背,也就是后来的"背心"或"坎肩"。两当可以保身躯温度,而不使衣袖增加厚度,以使手臂行动方便。也是男女都用的服饰。起初妇女都在里面穿两当,《晋书·舆服志》说:"元康末,妇人衣两当,加于交领之上。"就是把两当穿在交领衣衫之外。妇女穿的两当,往往加彩绣装饰。如《玉台新咏·吴歌》中就有这样的诗句:"新衫绣两当,连置罗裙里。"

半袖衫是一种短袖式的衣衫。《晋书·五行志》记载,魏明帝曾着绣帽,披缥纨半袖衫与臣属相见。由于半袖衫多用缥(浅青色),与汉族传统章服制度中的礼服相违,曾被斥之为"服妖"。直到隋朝时,才开始流行开来。隋宫中的内官(太监)多服半袖衫。

裤褶、两当和半袖衫都是从北方游牧民族传入中原地区的异族文化,经过群众生活实践的遴选,由于它们具有功能的优越性而为汉族人民所吸收,从而使汉族传统的服饰文化更加丰富。

魏晋时期妇女服装除了承袭秦汉深衣的旧俗之外,并吸收了少数民族服饰特色,在传统基础上有所改进。服装的款式也以宽博为主,一般上身穿衫、袄、襦,下身穿裙子,多为对襟、束腰,衣身部分紧身合体,袖口肥大,裙式多样,以折裥裙尾最多。这种裙下摆宽松,摆长曳地,从而达到俊俏潇洒的效果。女装在袖口、衣襟、下摆缀有不同色的缘饰,腰间用一块帛带系扎,再加上华美的首饰,反映出奢靡华丽之风。

4. 配饰

魏晋南北朝常见的配饰除了发饰之外,还有指环、耳坠、鸡心佩、金奔马饰件、金花饰片和金博山等。比较特别的还有带具。在东汉时期,人们腰上所束的革带为了佩挂随身实用小器具的方便,挂了几根附有小带钩的小带子,这种小带子叫作蹀躞,附有蹀躞的腰带称为蹀躞带,但并未普及。魏晋时期的蹀躞带不仅大量使用,且装饰繁复。南北朝以后,一种新型的蹀躞带代替了钩络带。这种带不用带钩,头端装有金属带扣,带扣一般镂有动物纹和穿带尾用的穿孔，穿孔上装有可以活动的短扣针。因此从这时起，带钩便逐渐消失了。

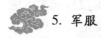
5. 军服

魏晋南北朝时期频繁的战争，虽然促使战略战术得到发展，但给社会经济生产造成的破坏却极其巨大，因此在武器装备方面与汉代相比并没有明显的进步。

魏晋时期的戎服主要是战袍和裤褶服。袍长及膝下，宽袖。褶短至两胯，紧身小袖，袍、褶一般都是交直领，但也有盘圆领。裤则为大口裤。东晋与西晋相比较裤脚更大，很像今天的女裙裤。冠饰主要有武冠、鹖冠、却敌冠、樊哙冠、帻、幅布和帢等。

魏晋时期出现了铁制筒袖铠。这是一种胸背相连、短袖的铠甲，用鱼鳞形甲片编缀而成，外形与西汉的铁铠很相似，穿着时要从头上套穿。这种筒袖铠坚硬无比。

古代军帽

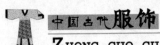

魏晋时期的胄基本沿袭东汉的形制，胄顶高高地竖起，配有缨饰。

南北朝时期，北方很多帝王都是胡人，军队也以胡人为主，他们的服饰文化被带进了中原地区，因此南北朝时期的戎服很具特色，不仅样式多，融合了多民族的服饰，而且因武官制度进一步完善，官兵在服饰上有了更明显的区别。

铠甲方面流行布制或革制的两当铠。这种铠甲长至膝上，腰部以上是胸背甲有的用小甲片编缀而成，有的用整块大甲片，甲身分前后两片，肩部及两侧用带系束。这种铠甲一直使用到唐代。另有保护头部的有兜鍪、胄、盔等。戎服和铠甲外均束带。与其样式相同的两当衫则是武官的公事制服。短袖襦也是这一时期主要使用的戎服，小袖口，前开襟，大翻领，单、棉都有。戎服裤基本沿袭东晋样式，一般是大口裤，裤脚在膝下用带扎住。冠饰以平巾帻、帽为普遍。

军人的鞋一般为圆头靴，靴尖不起翘。

除两当铠之外，还有"明光铠"。这是一种十分威武的军服，其特点是在铠甲的胸背的两侧装放两块圆形或椭圆形金属糊镜，与其相配，必服用宽体缚裤，并束宽革带。这种铠外形完整明确，性格感极强，使用效果也好，久而久之取代了两当铠。

第四章

隋唐至两宋时期的服饰

在南北朝胡、汉服装相互影响而又各成系统的基础上产生的唐代服制，出现了"法服"与"常服"并行的局面。作为大礼服的法服仍是传统的冠、冕、衣、裳，常服则是在鲜卑装的基础上改进而成。唐代男子上自皇帝下至厮役，在日常生活中都穿常服，女子穿"胡服"。唐朝服装还对邻国有很大的影响。比如日本和服从色彩上大大吸取了唐装的精华，朝鲜服也从形式上承继了唐装的长处。唐代服饰丰富多采，富丽堂皇，成为中国历史服饰中的一朵奇葩，世人瞩目。宋代服装大体沿袭唐制，风格独特奇异多姿。

第一节
隋唐五代的纺织与服饰

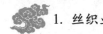

隋唐时代纺织业的发展

隋唐时期的中国传统纺织业更为发达，居世界领先地位。从技术上讲，束综提花方法和多综多蹑机构相结合，逐步推广，纬线显花的织物大量涌现。就材料而言，有毛纺、麻纺、棉纺和丝纺。就产品而论，有布、绢、丝、纱、绫、罗、锦、绮、绸、褐等。

1. 丝织业

隋代至唐前期，大体上是北方善织绢，江南盛产布。各地生产的丝织品种类和花式都很多，争奇斗艳，十分精美。河北、四川是丝织业的主要生产区域，这些地方所产的绫、绢、锦等纺织品质量都很高。以宋州（河南商丘）、亳州（安徽亳县）生产的绢帛质量最高；而定州（河北定县）的绫绢产量最多，每年要向皇室进贡 1500 多匹。江南的丝织业也有了很大发展。江南东道（江苏南部和浙江一带）的丝织物品类繁多，很多列为贡品，在产量上仅次于河南、河北道而跃居于全国的第三位。其中又以苏州、南昌等地的丝织业最为兴旺。当地纺织品原料供应充足，一年蚕四五熟，织布工能夜中浣纱，次晨成布，形成有名的特产"鸡鸣布"。

盛唐、中唐以后，丝织品不仅品种多，而且生产规模更大、产量更高。例如，当时的纺织中心定州，有一位名叫何明远的富豪，开办了一家丝织作坊，置有绫机 500 张。其规模之大前所未有。另外，盛唐时期有许多地区都形成了有自己特色的纺织名牌产品。

比较有名的产品有明州产的吴绫，凡数十品；浙西产的缭绫，因其质地优良，备受人们欣赏。此外据《旧唐书》记载，四川出产的金银丝织物十分华丽。唐中宗李显之女安乐公主出嫁时，四川献上来的单丝碧罗笼裙，"缕金为花鸟，细如丝发，鸟子大如黍米，眼鼻嘴甲俱成，明目者方见之"。可谓巧夺天工，反映出唐代纺织技术的高超水平。

 知识链接

妓鞋行酒成时尚

以妓鞋行酒的怪俗在元代就已出现，至清代更为盛行。《香莲品藻》的作者方绚曾作《贯月查》，专门记述了此种游戏：先取小脚女人的鞋，模仿投壶仪节，让客人往鞋中投掷果子，以是否投中论输赢，旋即以小鞋作酒杯豪饮。在方绚看来，裹足之小鞋弯弓纤妍宛如贯月，投以果子，又如星之贯，以鞋行酒，巡视于座中酒徒，又似"浮查"，所以文章取名为"贯月查"。更令人生厌恶心的是，游戏之中的小鞋是从陪宴妓女的脚上现场脱下的。

《贯月查》中还记载有一种妓鞋行酒的游戏，更是变化多端：妓鞋在客座中传递，传递时口数初一、初二至三十的日子；而传递者手执妓鞋的姿势则随日子的不同而变化，或者鞋口向下，或者鞋口向上，或抓鞋底，或者平举，或者高举，或藏于桌下。专有一歌概括这种随时变化的姿势：

双日高声单日默，初三擎尖似新月。

底翻初八报上弦，望日举杯向外侧。

平举鞋杯二十三，三十覆杯照初一。

报差时日又重行，罚乃参差与横执。

唐代的丝绸产品还通过丝绸之路远销西亚和欧洲、非洲等地，极受欢迎。当地人把丝绸看作光辉夺目、巧夺天工的珍品。1969年，在新疆阿斯塔那发现唐锦袜，在大红色袜底上织有各种禽鸟花朵和行云图案。这图案是采用纬锦法起花的。

锦的织法有经起花和纬起花两种。六朝以前的织锦以经起花为主，隋唐以后，则以纬起花为主。纬起花法是用两组或两组以上的纬线同一组经线交织，用织物正面的纬浮点显花。这种织法的特点是容易变换色彩，图案色彩丰富。

2. 棉麻毛纺织

棉纺织在唐代也有较显著的发展，当时西北的吐鲁番和南方的云南、两广、福建等地，各族已越来越普遍地种植棉花和生产棉布。

木棉纺织是晚唐时发展起来的一个纺织新品种。桂林产著名的"桂管布"其实就是木棉布。据载，唐文宗时，夏侯孜穿桂管布衫入朝，连皇帝也仿效他，穿起桂管布的衣服。于是，满朝官员也都争相效仿，导致桂管布价格骤然昂贵。

古代腰带

隋唐时期，葛已趋于淘汰。麻织品则在前代的基础上屡有创新，不仅技术有了很高水平，织品的种类更加丰富多彩。有细白布、苎布、班布、蕉布、细布、丝布、纻布、竹布、葛布、纻练布、麻赀布、楚布等十几种。其中黄州（湖北黄冈）的赀布就被列为第一等。此外据嘉泰《会稽志》记载，浙江诸暨的"山后布"即皱布所用的麻纱，就专门增加了强拈，因此，织成的布精巧纤细，几乎已经达到丝织品中罗的水准。如果将这种苎麻织物放入水中，由于吸水收缩，还会形成颗粒一样的谷纹来。

　　隋唐时期境内毛织品的主要产地仍以河西地区为主。西州的毡、兰州的绒，都行销全国。

3. 印染技术

　　在发达的纺织业的直接影响下，劳动人民在生产过程中发明了新的印染方法，技术又有新的提高和创新。这些直接导致了唐代的印染业的迅速发展，对我国传统印染科学的发展产生了很大的影响。

　　当时的官营印染业分工很细，共设有青、绛、黄、白、皂、紫六作，可以同时染出各种美丽的彩色布匹。

　　隋唐时代人们还很重视染料的研究。据《唐本草》记载，苏枋木是古代主要的媒染性植物染料，这种乔科树木中含有一种名为"巴西灵"的红色素，可以对织物进行媒染染红。栌木和柘木中含有色素非瑟酮，染出的织物在日光下呈现带红光的黄色，在烛光下呈光辉的赤色，这种神秘性光照反差，使它成为古代最高贵的服装染料。隋文帝就穿着这种颜色的衣料织成的"柘黄袍"听朝，从此直到明代，"柘黄袍"就成了皇帝专用的服色。

　　在新疆出土的唐代刺绣品，底色就有大红、正黄、叶绿、翠蓝、宝蓝、绛紫、藕荷、古铜等。足见隋唐时的印染工匠们对颜料及染色工艺已有深刻的认识，并且掌握了很高的印染技术。

隋唐时代的服饰

　　隋唐时期，南北统一，疆域辽阔，经济发达中外交流频繁，体现出政权的巩固与强大。中国传统服装服饰也达到空前繁盛时期。中国传统服饰习俗急骤变革、丰富发展，呈现出绚丽多彩的面貌。公元 618 年，唐代建立，它国力强盛、疆域广大、政令统一、对外交流十分频繁、文化艺术空前繁荣，中国传统服饰文化因此呈现出自信开放、雍容华贵、百美竞呈的局面。隋唐时代，统治阶级虽然在最隆重的礼仪服装上仍保持前代传统，但是穿得最多的朝服和常服却有了新面貌，并为后代开创了服色制度的新传统，因此也是服装制度史上的重要时代。

1. 冠帽

　　唐代的通天冠变得十分华丽。《新唐书·舆服志》记载通天冠有 24 梁；《旧唐书·舆服志》记载唐代通天冠有十二蝉首。唐代王泾《大唐郊祀录》卷三指出：12 是天的大数，应在 12 个月份。冠上重要的配饰为珠翠黑介帻，加金博山，即以黑介帻承冠。带为组缨、翠缕（缨垂余的饰）、玉、犀簪导（簪即古之笄）。

　　新疆伯兹克利石窟盛唐壁画和敦煌石室发现的唐咸通九年刊本《金刚般若波罗蜜多心经》卷首画中的通天冠很有特点。一是颜题成为很规范的帽圈

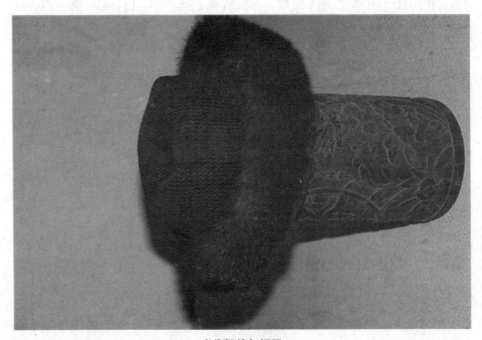

古代帽筒与帽子

步辇图邮票

形；二是整个帽身向后旋转倾斜而不是向前倾斜；三是冠前的金博山缩小成圭形，上饰王字或附蝉；四是在冠上饰有珠玉装饰；五是帽身饰有等距离的直线纹。

唐太宗又制"翼德进德冠"，朔望视朝，其形如幞头，服饰则配以白练裙与襦裳服，也可配裤褶与平帻。

进德冠比通天冠略次，但造型也很华贵，为重臣所戴。

在唐代进贤冠是皇子亲王、一品至九品的各职文官皆可服用，具有普遍性与典型性。据《开元二十年开元礼成定冠服之制》所记，"三品以上三梁，五品以上二梁，九品以上一梁。"

隋唐时代平时的头衣主要为"幞头"。幞头的起源很早。魏晋六朝的"角巾"其实就是幞头的早期形态。隋代的幞头较简便，就是在软裹巾里面加一个固定的饰物后再覆盖于发髻上，就能包裹出各种形状。初唐的幞头巾子较低，顶部呈平形，以后巾子渐渐加高，中部略为凹进，分成两瓣。开元年间，流行"官样"巾子。这种巾子最早出现在宫中，又称"内样"，也叫"开元内样"。中唐后，巾子更高，左右分瓣，几乎变成两个圆球，并有明显前倾，称"英王踣样"巾子。自此以后，上至帝王、贵臣，下至庶人、妇女都戴幞头，巾子式样基本一致。唐末，幞头已经超出了巾帕的范围，成了固定的帽子。

幞头的两脚，初期略似两条带子，从脑后自然垂下自然飘动，至颈或过肩；中唐以后，两脚渐渐缩短，将两脚反曲朝上插入脑后结内。到晚唐，随着幞头逐渐演变成帽子，两脚形制又有变化，或圆或阔，犹如硬翅，微微上翘，中间似有丝弦之骨，有一定的弹性。

隋唐的头衣除幞头外，还有纱帽，被用作视朝听讼和宴见宾客的服饰，在儒生、隐士之间也广泛流行，其样式可以由个人所好而定，以新奇为尚。至于南北朝时期的小冠和漆纱笼冠，这个时期也仍在使用，有些还被纳入冠服制度当中。

唐代有一段时期十分流行胡帽。这种帽子形制多变，具体名目有底边翻卷、顶部尖细的毡卷檐帽，皮毛筒形帽，浑脱帽等。

 2. 礼服

隋朝于公元 589 年重新统一中国。隋文帝厉行节俭，衣着俭朴，不注重服装的等级尊卑。经过 20 多年的休养生息，经济有了很大的恢复。到了隋炀帝即位，崇尚奢华铺张，为了宣扬皇帝的威严，恢复了秦汉章服制度，并对服装做出严格的等级规定，使服装成为权力的一种标志。南北朝时期将冕服十二章纹样中的日、月、星辰三章放到旗帜上，改成九章。隋炀帝又将这三章纹饰放回到皇帝的冕服上，并把日、月分列两肩，星辰列于后背，从此"肩挑日月，背负星辰"成为后世历代帝王冕服的基本形式。隋唐帝王的冕服也遵循汉制，一般只在礼仪大典与祭拜宗祠百神时用。

在重要典礼场合，一品至五品官职戴笼冠或介帻，并有簪导与缨为饰，身穿对襟绛色大袖衫，内衬白沙中单，白长裙，外套赤围裙，佩朱色蔽膝，

1972 年新疆吐鲁番阿斯塔那张礼臣墓出土随葬屏风画，新疆维吾尔自治区博物馆藏。图中舞伎额描雉形花钿

腰束钩革带，佩绶、剑，足穿袜舄。六品以下，去掉剑和佩绶，其他相同。

隋唐的贵族女性，在重要场合一般也要穿着礼服。晚唐时期女性着礼服，发上还簪有金翠，头上画有花钿，所以又称"钿钗礼衣"。

 知识链接

花钿

花钿是古时妇女画或贴在额头上的一种花饰，起源于南朝宋。花钿有红、绿、黄三种颜，以红色为最多。花钿的质地形状千差万别。最简单的花钿仅是一个小小的圆点。复杂的有用金箔片、珍珠、鱼鳃骨、鱼鳞、茶油花饼、黑光纸、螺钿壳及云母等材料剪制成的各种花朵形状，其中以梅花最为多见。

据说南朝宋武帝的女儿寿阳公主有一天在宫殿的屋檐下睡着了，一朵艳丽的梅花缓缓飘下，正落在她白皙的额头上，这眉间的梅花几天拂之不去，越发显出公主的千娇百媚。一时间，宫女们争相仿效，纷纷用颜色在两眉间染绘出各种图案，甚至用金属片贴在眉间作装饰，这后来就成为唐代盛行的花钿。

 3. 常朝服

隋唐帝王的常服是在视朝听朔、宴见宾客时穿用。自贞观之后，非元日（正月初一）、冬至日受朝贺及大祭祀皆穿常服。它具有隋唐的典型特点：乌纱帽折上巾、赭黄金龙袍、腰带饰有十三环与铊尾、六合靴。官员以服色定品级，以紫、绯、绿、青四色定品级高下。需要注意的是，在这一时期不但没有禁止百姓穿黄色，而且还有明文规定黄色为不入品级的官吏及百姓的服色。

从隋朝开始，定天子着黄色袍衫，十三环带，亲王及三品以上官臣服大

古代朝服

科绫罗紫色袍衫，五品以上服米色小科绫罗袍，六品以上服黄丝布交绫双钏绫，六品、七品用绿色，九品用青色。裤褶服在唐代被定为"朝见之服"，以唐巾软裹或硬裹幞头、团领窄袖袍衫、乌皮靴的裤褶制为典型。唐太宗贞观年间，又定三品以上服紫色，四品服绯色，五品服浅绯色，六品服深绿色，七品服浅绿色，八品服深青色，九品服浅青色，流外官及庶人用黄色。唐高宗总章元年（668年），正式规定非皇帝不得着黄色。从此，黄袍被当做封建帝王的御用服饰，"黄袍加身"就意味着登上了帝位，这一制度一直延续到清朝灭亡。

唐朝官员的袍衫用织有暗花的料子而制，其面料质地是用来区别等级的，五品以上用细纹及罗，六品以下用小绫。袍服的样式，初与隋朝相同，后乃在袍服下部施一道横襕，名为"襕衫"。武则天当朝时，颁赐一种新的服装，即在不同职别的官员袍上绣以不同的纹样，名叫"绣袍"，文官绣禽，武官绣兽，这种以禽兽纹样区别文武官员的品级，应说是明清时期补子的滥觞。

唐高宗上元元年（674年），又规定了官民用带的等级差别：文武三品以上金玉带；四品、五品金带；六品、七品银带；八品、九品石带；庶人铜铁带。睿宗文明元年（684年）又规定八品、九品服色改为碧。

其他配饰，革带曾一度被定为文武官必佩之物，上面悬挂算袋、刀子、砺石、契芯真、哕厥、针筒、火石袋等七件物品，俗称"蹀躞七事"。开元后，按朝廷规定，一般官吏不再佩挂。此外，还规定一品至五品在佩带上用纷鞶，不用绶和剑，六品以下，去纷鞶和杂佩。

4. 百姓服饰

隋唐时期百姓的日常衣料广泛使用麻布，女子的裙料一般采用丝绸。

隋唐时期一般男子服装以一种白色圆领的长衫为主，除祭祀典礼外，平时都穿这种服装。襕衫因紧身而狭，需缺胯开衩或穿大口裤以便行动，直到宋代，它仍为士人作上服。缺胯袍衫就是在袍、衫的腋下开衩，为士人、庶民、奴仆等劳动者之服，也是戎服之一。此外，庶民百姓、奴仆多穿用麻、毛织成的"粗褐"。

士人，一般文人雅士或绅士、老者，仍以大袖宽身的禅衣、长裙为常服。头戴软脚幞头，身穿盘领窄袖或窄长袖的袍衫，加襕，袍衫长及足或膝，下穿宽口裤，足穿软靴——为初、中、后唐及五代时文人的服饰。从中唐、晚唐开始，文人服式随着朝代的崇向，提倡秦汉的宽衣大袍——较宽长大袖的袍衫，除继续沿用软裹巾外，还用硬裹软脚或硬裹硬脚的幞头。戴高筒纱帽，穿交领宽身大袖衣，下开衩，腰间系带，下身大口裤，浅底履，为后唐与五代时文人的新装。

唐代的突厥化服装发端于初唐，为了追求突厥生活的热情，竟然使一些贵族能忍受那些不舒服的帐篷生活。唐太宗的第一位太子李承乾曾在皇宫里搭建了一顶突厥帐篷，而他本人则穿得像一位真正的突厥可汗，伺候他的奴隶们也都是全身穿着突厥人的装束。

胡服流行于开元、天宝年间，其制为：翻领、对襟、窄袖、衣长及膝、腰间系革带。这种革带原是北方民族的装束，于魏晋时传入中原。中唐以后，胡服更为盛行，不但男子时兴，女子也时兴穿用。这种服装便于骑马作战，也便于日常生活中的劳作。如丈夫戴的豹皮帽、妇女穿伊朗风格的窄袖紧身服，并配以百褶裙和长披风，甚至连妇女的发型和化装也流行"非汉族"的

辽宁博物馆藏唐·周昉《簪花仕女图》

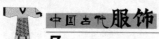

样式。

蓑衣是一种用草编成的雨具。唐代张志和《渔歌子》中就有"青箬笠，绿蓑衣，斜风细雨不须归"的句子。可见这时已经普遍作为雨衣了。

隋唐的女装，以红、紫、黄、绿四种颜色最受欢迎。隋代女子穿窄合身的圆领或交领短衣，高腰拖地的长裙，腰上还系着两条飘带。

唐代妇女服装可以说是历代服饰中的佼佼者，也是中国古代最辉煌的一页。其中一种女装，袒露胸上部，这在整个中国封建社会历史里是前所未有的。

唐代女装，衣料质地考究，选型雍容华贵而大胆，装扮配饰富丽堂皇而考究。其形制虽然仍是汉隋遗风的延续，但是多受北方少数民族鲜卑人的影响，同时也受到西域涌进来的文化艺术的影响。以历史名画"簪花仕女图"的服饰为例，图中妇女袒胸、露臂、披纱、斜领、大袖、长裙的着装状态，就是最典型的开放服式。衣外披有紫色的纱衫，衫上背纹隐约可见，内衣无袖"罗薄透凝脂"，幽柔清澈。丝绸衬裙露于衫外，拖曳在地面上，可与17世纪、18世纪欧洲宫廷长裙相媲美。这种服饰从北朝以来，甚至唐代开元、天宝时期，都不曾出现过，因此风格独特。

唐代的女装主要是衫、裙和帔。襦裙是唐代妇女的主要服式。在隋代及初唐时期，妇女的短襦都用小袖，下着紧身长裙，裙腰高系，一般都在腰部以上，有的甚至系在腋下，并以丝带系扎，给人一种俏丽修长的感觉。妇女的裙子有不少名目，在中上层妇女中，曾流行百鸟毛裙，由于这种裙子都用禽鸟羽毛制成，使大批珍禽瑞鸟遭受损害，后被朝廷下令禁止。在广大妇女中间，则流行一种叫"石榴裙"的裙子，这种裙子用鲜艳夺目的红色染成，故名。唐人小说中的李娃儿、霍小玉等就常穿这种裙子。唐代裙子款式之新、颜色之多、质料之精、图案之精美，都达到前所未有的水平。此外，唐代女性喜用帔，又称"画帛"，就是披在肩上的长围巾。通常用轻薄的纱罗制成，上面印画图纹。长度一般为2米以上，用时将它披搭在肩上，并盘绕于两臂之间。走起路来，不时飘舞，非常美观。

初唐的妇女还喜欢穿袒领的小袖衣、条纹裤、绣鞋等西域服式。盛唐以后，胡服的影响逐渐减弱，女服的样式日趋宽大保守。到了中晚唐时期，更加恢复为中国传统服饰特点，比如一般妇女服装，袖宽往往4尺以上。

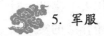

5. 军服

唐代的铠甲，据《唐六典》记载，有明光、光要、细鳞、山文、乌锤、白布、皂绢、布背、步兵、皮甲、木甲、锁子、马甲等13种。其中明光、光要、锁子、山文、乌锤、细鳞甲是铁甲，后三种是以铠甲甲片的式样来命名的。皮甲、木甲、白布、皂绢、布背，则是以制造材料命名。在铠甲中，仍以明光甲使用最普遍。

初唐，由于阶级矛盾比较缓和，国家比较稳固，社会经济能较快地恢复和发展起来，相对来说战事减少，用于实战的铠甲和戎服基本保持着隋代的样式和形制。随着时代的进展，至武德中期，在进行了一系列服饰制度改革的基础上，军服逐渐变得更加具有唐代的鲜明特色。此时的军戎仍以皮甲和铁甲为主，除了传统的皮甲仍发挥着作用以外，在铁甲中又细分为两裆铠、明光铠、细鳞铠和锁子铠等。制作十分精细。

两裆铠的结构比前代有所进步，形制也有一些小的变化。原来仅覆盖前胸的鱼鳞状小甲片编制，长度已延伸至腹部，取代了原来的皮革甲裙。身甲的下摆为弯月形、荷叶形甲片，用以保护小腹。这些改进大大增强了腰部以下的防御。明光铠的形制基本上与南北朝时期相同，只是腿裙变得更长。隋代戎服为圆领长袍。唐代编缀甲片的方法也有所发展，更多地采用皮条穿连或铆钉固定的方法。

贞观以后，进行了一系列服饰制度的改革，渐渐形成了具有唐代风格的军戎服饰。高宗、则天两朝，国力鼎盛，天下承平，上层集团奢侈之风日趋严重，戎服和铠甲的大部分脱离了实用的功能，演变成为美观奢华、以装饰为主的礼仪服饰。特别是出现了为武将们仪仗检阅或平时服用的绢布甲，这种以纺织原料制作的轻巧精美的黑色甲衣（又称"皂衣"），外观十

明光铠复原图

分美观,但无实际的防御意义。此甲形制的出现,反映了唐代太平盛世的时代特点。"安史之乱"后,重又恢复到金戈铁马时代的那种利于作战的实用状态,特别是铠甲,晚唐时已形成基本固定的形制。

在唐宣宗时期,有一位官吏发明了以纸作甲,"纸甲用无性柔之纸,加以垂软,叠厚三寸,方寸四钉,如遇水雨浸湿,铳箭难透"。纸甲极为奇特,是应急之物,由于质轻容易携带,故便于推广。

五代时期基本沿袭唐末制度,明光铠基本退出历史舞台,铠甲重又全用甲片编制,形制上变成两件套装。披膊与护肩联成一件;胸背甲与护腿连成另一件,以两根肩带前后系接,套于披膊护肩之上。另外五代继续使用皮甲,用大块皮革制成,并佩兜鍪及护项。

唐代武官的专门戎服为缺胯衫,绣有各种纹饰。士兵的戎服有两种,一种是盘领窄袍,另一种就是缺胯袍,士兵的缺胯袍没有绣纹饰,头戴折上巾,唐代称幞头,晚唐时幞头已变成无须系裹,随时可戴的帽子。唐代武士还时兴在幞头外包一块红色或白色的罗帕。

唐代也出现过一些新的戎服,短后衣就是其中之一。唐后期出现了一种"抱肚"的戎服附件,抱肚成半圆形围于腰间,其作用是为了防止腰间佩挂的武器与铁甲因碰击、摩擦而相互损坏。

唐代武将好穿长靴短靴乌皮靴,靴头尖而起翘。但着朝服、常服时也穿鞋头有云头装饰的履或麻鞋。

6. 隋唐时期中外交流在服装领域的体现

隋唐时期是我国和其他各国人民的文化交流空前繁荣的时期。据史籍资料统计,与隋唐两代政府来往过的国家约有300多个,同一时期内,最少也有70多个国家与隋唐政府保持着经常性往来。当时的长安是世界著名的大都会和东西文化交流的中心。在长安城居住的外国使者和商人很多。这些都为服饰文化的交流和相互影响创造了良好条件。

一方面,对外来的衣冠服饰,唐朝政府采取兼收并蓄的态度,使这个时期的服饰大放异彩,更富有时代的特色。唐代服装从外形到装饰均大胆吸收外来服饰特点,多以中亚、印度、伊朗、波斯及北方和西域外族服饰为参考,充实中原服饰文化,如团花的服饰是受波斯的影响;僧人们穿的"袈裟"原为印度式服装。这些都使得唐代服饰丰富多彩、富丽堂皇,风格独特而又奇异多姿，成为中国历史服饰中的令人瞩目的奇葩。

另一方面，灿烂的隋唐服饰文化也传播到世界各地，对邻国有很大的影响。直到今天，我国周边一些国家仍把隋唐时期的服饰稍加改变作为正式的礼服，可见流传之广。现今日本的和服不仅仍保留着中国唐代的服装风格，而且从色彩上大大吸取了唐装的精华；朝鲜的韩服也从形式上承继了唐装的长处。

第二节
两宋时期的服饰

宋代纺织的发展

1. 纺织工具的进步

五代以前，纺车的锭子数目一般是 2 枚至 3 枚，最多为 5 枚。宋元之际，随着社会经济的发展，在各种传世纺车机具的基础上，逐渐产生了一种有几十个锭子的大纺车。大纺车与原有的纺车不同，其特点是：锭子数目多达几十枚，并利用水力驱动。这些特点使大纺车具备了近代纺纱机械的雏形，适应大规模的专业化生产。以纺麻为例，通用纺车每天最多纺纱 3 斤，而大纺车一昼夜可纺 100 多斤。纺织时，需使用足够的麻才能满足其生产能力。水力大纺车是中国古代将自然力运用于纺织机械的一项重要发明，如单就以水力作原动力的纺纱机具而论，中国比西方早了 4 个多世纪。

2. 丝织业的发展

从晚唐到北宋前期，由于战事不断，导致北方养蚕、缫丝生产基本上都

大
紡
車
圖

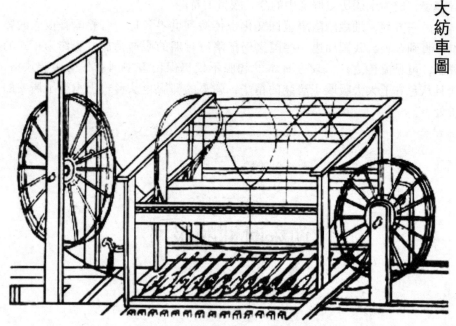

元·王祯《农书》所载宋元时代的多锭大纺车图

停废了，而江南地区未经大规模战争的破坏，丝织生产广泛地发展起来。宋室南渡后，北方大批统治者、官商巨室以及农民、手工业者纷纷南迁，这使得市场上丝织品销路大增，更进一步刺激了南方的丝织生产。

宋代在苏州织造的宋锦（或织锦）、南京织造的云锦、四川织造的蜀锦都是全国闻名的织物。特别是蜀锦工人创造的"花流水纹"（又称曲水纹），以单朵或折枝形式的梅花或桃花与水波浪花纹组合而成，富有浓厚的装饰趣味，成为当时极为流行的锦缎装饰纹样。此外，婺州出产的各种罗，也以其工艺精美闻名各地。

宋代织锦工艺发展很快。首先表现在由隋唐时代的变化斜纹演变出的缎纹，使"三原组织"（平纹、斜纹、缎纹）趋向完整。其次是棉织物花色品种增多，一方面由于装饰题材的扩大，另一方面是应用范围更为广泛。如成都茶马司织造的彩锦为了与少数民族交换军马，因此必须织适合于少数民族习惯爱好的花式品种。北宋时仅彩锦就有40多种，到南宋更发展到百余种，并且生产了在缎纹底上再织花纹图案的织锦缎。一般的缎纹织物本身已富有光泽，再配上各色丝线织成的花纹图案，就更加光彩夺目了。

当时社会上还流行锦中加金以及以金为饰的衣服。宋、金时期，新疆的回鹘人擅长织金工艺，并向中原介绍了这种织造技术。此外，据吴自牧《梦梁录》记载，南宋还有绒背锦、起花鹿锦、闪褐锦、间道锦、织金锦等名品。

这时的罗纹丝织物也达到了很高的水平。由于唐、宋时提花织罗机在结构上有进一步的改革，所以在罗纹丝绸上可以织制出更加复杂的花纹。当时著名的高贵品种有孔雀罗、瓜子罗、菊花罗、春满园罗等。在福州浮仑山南宋一个市舶司的女儿墓中，出土了200多种不同品种的罗纹织物，其罗纹结构有单经、三经、四经纹的素罗，有平纹和斜纹起花的花罗，还有粗细纬相间隔的落花流水提花罗等。这些织品现保存在福建省博物馆。

宋代的书画等文化事业空前发达。书画的发展自然带动了书画用品和材料的发展。绘画用的画绢，如重厚细密的"院绢"，纤细的"独梭绢"，均为当时画家所喜爱。供书画作品使用的宋代丝织物的花纹，除了运用动物纹，还有大量的植物纹。不仅有写生花，甚至还有遍地锦纹，成为色彩更加绚丽复杂的工艺品。

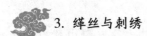
3. 缂丝与刺绣

缂丝是我国丝织工艺中最受人珍爱的品种，又称作"刻丝"、"克丝"或"尅丝"。旧时又有"长刻丝""刻丝作""刻色"等叫法。缂丝在海外也有其他名称，如"缀锦""缀织""织成锦"等。缂丝是一种以平纹为基本组织、依靠绕纬换彩而显花的精美丝织物。缂丝的特点是"通经断纬"，即纬丝非通梭所织。它以本色丝作经线，先将需缂织的纹样描绘在经线上，再以各色彩丝作纬线，用小梭根据花纹图案分块缂织，同一种色彩的纬线不必贯穿全幅，只需根据纹样的轮廓或画面色彩的变化，不断换梭，采用局部回纬织制。由于织造的作品在图案与素地接合处、色与色交界处微显高低，呈现一丝互不相连的裂痕，近看犹如用刀镂刻而成，故而得名。普通织物在表现花纹时，受技术限制一般都织成二方连续或四方连续的规整纹样，而缂丝却能自由变换色彩，擅长表现细致精微的色彩过渡和转折，有层次丰富和灵活多变的装饰效果，因此特别适宜摹制书画作品，非常生动逼真。

中国缂丝的出现不晚于唐代，当时多为纹样配色都较简单的实用品。从宋代开始，缂丝从装饰和实用领域脱颖而出，转向了纯欣赏的艺术创作，出现了缂丝的第一个全盛时期。

宋代缂丝以定州（河北定州）生产的最为有名。定州缂丝技巧与图案保持了唐、五代以来的优秀传统，丝纹粗细杂用，纹样结构既对称又富于变化。主要织造和锦类似的服用品装饰，著名的作品有"紫天鹿"（故宫博物院藏）、紫鸢鹊（辽宁博物馆藏）等。到了南宋，一部分缂丝脱离彩锦的装饰性质，从实用转向装饰化，向单纯欣赏性的独立艺术发展。这时缂丝开始以名人书画为蓝本，尽量追求画家原作的笔意，采用细经粗纬起花法，表现出山水、楼阁、花卉、禽兽、翎毛、人物，以及真草隶篆等书法。南宋高宗时的朱克柔和沈子蕃都是缂丝高手。

朱克柔，云间（今上海市松江县）人，生卒不详。她家境贫寒，从小学习缂丝，积累了丰富的配色和运线经验，

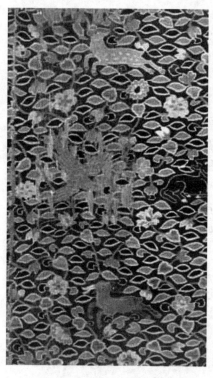

宋代缂丝作品——紫天鹿

作品题材丰富。她的缂丝表面紧密丰满，丝缕匀称显耀，画面配色变化多端，层次分明协调，立体效果特佳。她所作的"茶花图""莲塘乳鸭图"堪称传世珍品。现收藏于辽宁博物馆的朱克柔作品"牡丹"，约25厘米左右方幅，蓝地五色织成。用色除白色外，计有蓝色2种，黄色4种，绿色4种，朱色1种。经线用捻度稍强的绢丝，一寸间约120支，纬线用松线，一寸间约360支。牡丹花瓣部分的晕色也全部织出，这是缂丝织法中最复杂的一种，一寸间经纬线竟达480支而丝毫不加补笔。

宋代的刺绣工艺很发达。像宋代缂丝一样，受当时绘画影响极大，除作一般服饰品以外，多以名人书画为本，逐渐向欣赏品方向发展。当时的许多刺绣艺人能将滕昌佑、黄鉴、徽宗等人的绘画，以及苏、黄、朱诸家书法在绢绸上用针绣反映出来，不仅惟妙惟肖，甚至有的胜过原作，深受文人雅士的推崇与赞赏。

重要的传统绣品有"瑶台跨鹤图""海棠双鸟图""梅竹鹦鹉"等。如"瑶台跨鹤图",大部分用直针戗针平绣,竹林用施针,尾顶先用平绣,再在浮起处用扎针压平,砖瓦、斗拱则以稍粗的线逐节绣成,其上再作夹线。楼台部分使用了大量漆地金箔线,以模拟界画中的金碧色彩。在有些地方还用胡粉和颜料作补笔。全幅针法协调细密,配色精妙,从中可以看出宋代刺绣的高超技艺。

明、清刺绣中的各种针法,宋代差不多都已有了。如表现单线,在唐代切针和接针的基础上,出现了滚针和旋针;表现面是,在原有的直针戗绣针和针的基础上,又出现了反戗。表现光的套针发展得更加细致复杂。其他如平金、钉线、网绣、补绒、铺针、戳纱、打子、扎针、锁边、刻鳞等多种表现不同对象的特种针法,都在宋绣中出现,而且已运用得非常纯熟。这些都为近代的顾绣、湘绣开辟了前路。

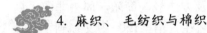

4. 麻织、毛纺织与棉织

宋代麻织遍及我国南方各地,生产相当发达。麻织品的产地主要集中在广西。

江南苎麻布生产不仅数量大,而且还出现了各种特种麻布。宋周去非的《岭外代答》曾记载,南宋静江府(今广西桂林)所织苎麻布经久耐用,是因为苎麻纱先用带有碱性的稻草灰的水汁煮过,在织制前再用调成浆状的滑面粉上浆,织成就"行棱滑面布以紧"。这实际上反映了现代的上浆整理加工工序。

南宋《格物粗谈》中有"葛布老久色黑",将葛布浸湿,放入烘笼中,用硫黄熏就变成白色的记载,说明宋代已有硫黄熏葛布的漂白技术。

宋代用山羊绒纺织绒褐。据记载所用山羊是唐末由西域传来。用山羊毛绒捻成线织成绒褐。织一匹名为"万胜花"的毛织品,重量只有十四两。用茸毛能织成如此轻、薄的纺织品,可见毛纺织工艺十分精巧。

宋室南渡后,汉族与南方少数民族接触日益频繁,我国东南、闽、广各地从少数民族那里学会了先进的种棉、纺纱、织布等手工操作技术,棉花种植及棉纺织技术逐渐向北推广。

我国海南岛天气炎热,土壤肥沃并略带碱性。尤其是崖州一带,最适合棉花生长,是我国棉花的原产地之一。《岭外代答》曾记录,崖州的妇女采摘

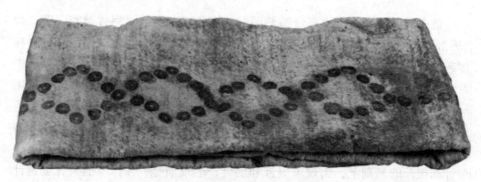

浙江兰溪南宋墓曾出土的棉毯

新棉后，用细长铁轴碾出棉籽，接着"以手握棉就纺"，棉纱纺成后，又染色织布。范成大《桂海虞衡志》、方勺《泊宅篇》等书也记述了崖州棉布转销内地，极受欢迎。

当初棉纺织技术传入中原时，制棉工具及方法极为简陋。周去非等人的著作中只提到碾去棉籽用的铁杖，而后来方勺在《泊宅篇》中又提到了弹花的小竹弓，这使制棉工具和方法又进了一步。南宋末年，江南一带才开始种植棉花，这时南方的制棉技术已发展到用铁杖碾去棉籽，取"如絮者"，用长约四五寸左右的小竹弓，"索弦以弹棉"，使棉匀细，"卷成小筒"，用车纺之。自然抽绪如缲丝状，就用来纺织成布。浙江兰溪南宋墓曾出土纯用棉花织成的一条棉毯，长2.51米，宽1.16米，经纬条干一致，两面拉毛均匀，细密厚暖，说明当时江南地区的棉纺织业已达到很高的工艺水平。

由于棉花种植、纺织工艺传入江南不久，当时轧花、弹花、纺纱、织布等工序还没有像丝织业那样分离成专门工作，只能作为家庭纺织来经营，生产效率低。这使得两宋时棉花在内地居民所用纺织材料中仍不占主要地位。

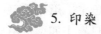 **5. 印染**

宋代的印染技术已比较全面，色谱也较齐全。染缬加工，在宋代极为盛行，技术上也有发展。如印花在宋代已经专门化。王安石在宋神宗熙宁年间实行变法改革，着手整顿军容，将士服装恢复唐代制度，采用夹缬印花印染军服。宋徽宗赵佶时曾下令禁止民间制造夹缬镂空印花板，商人也不许贩卖。但屡禁不止，只得废除禁令。夹缬印花又很快流行。

宋以后镂空印花板开始改用桐油竹纸代替以前的木板，所以印花纹更加精细。为了防止染液的渗化，造成花纹模糊，就在染液里加入胶粉调成浆状以后再印花。这些创造，都有利于夹缬印花技术的推广和提高。

宋代由于南方航海业的兴盛，这一印花技术传到欧洲各国。当时的德国和意大利，因对媒染剂和染料技术未能完全掌握，还用油料加颜料调成涂料印花。我国的印花技术一经传去，很快就取代了原来的工艺方法。

南宋时广西瑶族还生产一种精巧的蜡染布，西南少数民族地区将这种蜡染布称为"瑶斑布"。《岭外代答》曾记载：制作时用镂有细花的木板二片，夹住布帛，再将溶化的蜡灌入镂空的地方，蜡在常温下很快固化，这时"释板取布"投入蓝靛染液，待布染成蓝色后，"则煮布以去其蜡"，就得到"极细斑花，炳然可观"的瑶斑布。这说明当时蜡染技术已有很大发展，具备成批复制印花布的条件。这一期间，西南少数民族运用这一技术还制作了许多驰名全国的产品，如"点蜡幔"等。

宋代还有一种适用于生丝织物的碱剂防染法。它主要是用草木灰或石灰碱等碱性较强的物质，使花纹部分的生丝丝胶膨化润胀，然后洗掉碱质和部分丝胶后再进行染色。由于织物上有花纹地方的丝线脱胶后变得松散，染上去的颜色就显得深一些，因而整个布面的颜色就显出深浅不同的花纹。这种防染技术经过不断发展，改用石灰和豆粉调制成浆，这种浆呈胶体状，更有利于涂绘和防染，也容易洗去。这为天然蜡产量少的地区推广运用防染技术提供了有利条件。宋代把这种印花法称作"药斑布"，它产生的效果与蜡染完全一样。这种产品主要做被单和蚊帐，即是后来民间广泛流行的蓝印花布。

知识链接

古代帝王与贵族冠帽

皇室贵族的冠帽在汉代已是分门别类，等差鲜明。仅收进《后汉书·舆服志》里的就有七八种之多，下面大概说说。

长冠，又称孔氏冠。高八寸，广三寸，以黑纱、笋壳等材料制成。这种冠的式样因为是汉高祖刘邦发迹前所制，所以作为祭服，并规定贵族爵位没有达到"公乘"以上者，不能戴。汉朝时将爵位分为二十等，公乘为第八爵，即可以乘坐公家的车子者。

委貌冠，用古皮弁制。长七寸，高四寸，上小下大形状犹如一个倒覆的杯子。用皂色丝绢制成，是汉代公卿诸侯、大夫行大射礼时所戴的冠帽。

通天冠，高九寸，正竖，顶少斜，直下为铁卷，梁前有山，展筒为述。是汉代百官于月正朝贺时，皇帝所戴的冠帽。

远游冠，形制与通天冠大致相同，但有展筒横之于前，而且没有"山述"。所谓"山述"，是指在冠梁与展筒之前隆起如山形的部分。这是汉代诸王所戴的冠帽。

进贤冠，是文士儒生所戴的帽子，前高七寸，后高三寸，长八寸。汉代文官也以进贤冠的冠梁数区别官阶高低。公侯三梁，中二千石以下至博士两梁，自博士以下至小史私学弟子都是一梁。由于进贤冠装梁的展筒较窄，因此所装梁数不能过多。梁即冠上的横脊，展筒即以鲕（纱类，本为冠内韬发之用）为筒，裹于梁及梁柱。

高山冠，也叫侧注冠。是汉代中外谒者、仆射、行人使者等所戴。形状也大致与通天冠相同，但顶不斜，高九寸，无山述和展筒，据说原来是齐王的王冠，秦灭齐后，将齐国君王的冠帽赏赐给群臣。

法冠，本属楚国之冠，秦灭楚后以其君王之冠赏赐给御史。法冠是以缅为展筒，铁柱卷。又称柱后冠，或叫作獬豸冠。取意獬豸，因獬豸是神羊，能别曲直，敢于公正处事，所以以神羊形象为冠，冠上做一角状，是汉代执法者所戴的冠帽。

武冠，又称赵惠文冠，秦灭赵后，以赵国君王之冠赏赐近臣。汉朝沿用，又名武弁，是汉代武官戴的冠帽。侍中、中常侍加黄金珰，附蝉为文，貂尾为饰。侍中插左貂，常侍插右貂，用赤黑色貂尾，王莽时改用黄貂。

鹖冠，汉代武官所戴冠帽。俗称谓之大冠，在冠左右加插双鹖尾，叫作鹖冠。鹖是一种性情凶狠顽强的鸷鸟，它的特点是一旦与敌手相斗，必然至死方休，所以取其勇敢之意。汉代时五官、左右虎贲、五中郎将、羽林左右监、虎贲、武骑等官都戴这种冠帽。

　　樊哙帽，是以汉将樊哙的名字所命名的冠帽。当年，项羽举行鸿门宴，当汉高祖刘邦的武将樊哙得知项羽有杀刘邦之意时，一时怒起，撕下衣裳，裹住铁盾戴在头上，然后冲入军门立于刘邦之侧。铁盾扁平形状，所以此冠帽也如此。

　　另外还有爵弁、皮弁、方山冠、却非冠、术氏冠、却敌冠、建华冠，等等，均各得其所，不得随意戴用。这些冠帽无论从式样还是制度上都对后世朝代有很大影响。

宋代服饰的演变

　　宋代服装的服色服式多承袭唐代，与传统融合得更好、更自然，宋朝历史以平民化为主要趋势，服装也质朴平实，反映出这种时代倾向。宋代服饰总体来说可以根据穿着者身份大致分为官服与民服两大类。宋代妇女服饰种类比较复杂，可以根据用途分为三种：一是皇后、贵妃至各级命妇所用的公服，二是平民百姓所用的吉凶服称礼服；三是日常所用的常服。

1. 官服

　　宋代品官制度基本上沿袭前代，建朝初期宫中的官服也与晚唐相仿，新制颁发后，才定其官员服饰分为祭服、朝服、公服（宋人又称为常服）、时服（按季节颁赐文武朝臣的服饰）以及丧服。其中又以朝服和公服两大类为主。

　　皇帝的冕服和官员的祭服以及官方规定的丧服基本是参照汉代以来历代

相沿的形制，这里就不重复介绍了。

朝服用于朝会及祭祀等重要场合，皆朱衣朱裳，外系罗料大带，并有绯色罗料蔽膝，下着白绫袜黑皮履，身挂锦绶、玉佩、玉钏。这种朝服是统一样式，官职的高低是以有无禅衣（中单）、锦绶上的图案搭配还有相应的冠冕来区别的。穿朝服时必戴进贤冠（一种涂漆的梁冠帽）、貂蝉冠（又名笼巾，是以藤丝编成形，上面涂漆的冠帽）或獬豸冠（属进贤冠一类）。

公服又名"从省服"，是官员的常服，基本承袭唐代的款式，以曲领（即圆领）大袖为主要形式，大致近于晚唐的大袖长袍，另有窄袖式样。这种服饰的面料以罗为主，以用色区别等级。三品以上用紫色；五品以上用朱色；七品以上用绿色；九品以上用青色。到神宗元丰年间稍有更改：四品以上用紫色；六品以上用绯色；九品以上用绿色。按当时的规定，有资格穿用紫色和绯色（朱色）衣者，都要配挂金银装饰的鱼袋，高低职位以此物加以明显的区别。

与公服相配，头上戴幞头，下裾加一道横襕，腰间束以革带，脚上穿革履或丝麻织造的鞋子。与前代不同的是，宋代与公服相配的幞头是直脚幞头，只有便服才戴软脚幞头。这种直脚幞头即后代所谓的平翅乌纱帽（即乌纱帽的翅是平直的），一般都用硬翅，展其两角，故名。这种帽君臣通服，成为定制。关于此帽的来历，还有一段传说。据说宋太祖赵匡胤刚刚"黄袍加身"

宋太祖赵匡胤带直脚幞头像

登上帝位时，公服的制度尚未完善。有一次在朝会之上，他见下面的臣僚不时窃窃私语，十分不悦。正好礼部官员奏请新朝服式图样，宋太祖灵机一动，便授意礼部把原来五代时期幞头上翘的两脚改为平直，并加长至过肩。新的公服颁发以后，官员们再上朝时，长长的帽翅令彼此之间交头接耳十分不便。于是，一个个姿态端庄严肃，更好地烘托出皇帝的权威。

革带也是公服上区别官职的重要标志之一，它比服装颜色分得更细：三品以上用玉带；四品用金带；五六品用金涂银带；七品至九品用黑银及犀角带。

此外还有时服，这是建隆三年以后，因袭五代旧制，按季节赐发给官臣的衣料。享有此项待遇的臣僚范围十分广泛，上至亲贵将相、下至侍卫步军都能获颁赐。赐发的品种有袍、袄、衫、袍肚、裤等。所赐之服分七等不同花色，大部分是织有鸟兽的纹锦。

宋代官员除在朝的官服以外，平日的常服也是很有特色的，常服在这里指"燕居服"（即居室中服用的衣物）因此也叫"私服"。宋官与平民百姓的燕居服形式上没有太大区别。只是在用色上有较为明显的规定和限制。有官职者着锦袍，无官职者着白布袍。

2. 民服——男装

在北宋初年因服饰没有定制，又受外来影响，曾出现过着"毡笠""钩墪"（即袜裤）的契丹服，一时间被视为奇装异服。宋代官家服饰普遍十分奢侈，民家着装也很讲究。宋太祖乾德三年规定宫内妇女的服色要随大夫变化，还规定庶民百姓不得采用绫缣五色华衣。只许穿白色衣服，后来又允许流外官、举人、庶人可穿黑色衣服。对于这些规定，民间往往置若罔闻，平民服色五彩斑斓，绫缣锦绣任意服用，根本不受约束。

到仁宗、英宗、神宗直至政和七年时期，官府提倡改良服饰，而且更趋奢华。一些京城的贵族闺阁们，还别出心裁地设计出多种装扮方法，追求出新与别致。不但衣料选择考究，而且梳妆也很特别，有的梳大髻方额，有的扎发垂肩，有的云光巧额鬓撑金凤。就连贫寒人家也要用剪纸装饰头发，身上抹香，足履绣花等。

宋代男子一般的服饰主要有：衣、裳、袍、衫、襦袄、裥衫、直掇、道衣（袍）、鹤氅、背子、貉袖、蓑衣、腹围等。以下则要介绍。

衣和裳沿袭古制。宋代除了官服中的冕服（祭服）和朝服用上衣下裳外，一般很少穿用。但一些有身份的人家平时私居也有上衣下裳的穿法。这种人家的主人一般穿对领镶黑边饰的长上衣，配黄裳，燕居时不束带，待客时束大带。

袍，有宽袖广身和窄袖窄身两种类型，且如前述，有官职的穿锦袍，无官职的穿白布袍。宋代的袍长到脚，有单和夹，本来有棉絮的称袍，又叫长襦，唐以后有钱人用锦做袍，叫锦袍了；一般人穿粗布袍，颜色以黑白两色为主。宋代承袭其制，总体上是圆领，右衽，且有大袖广身和窄袖紧身两大类，具体式样和名称上还略有差异。一般百姓多穿交领或圆领的长袍，做事的时候就把衣服往上塞在腰带上。

作为男子日常衣着，衫在宋代品种、式样最多。根据原料质地分为布衫、罗衫、毛衫和葛衫。富贵人家穿的衫质料很考究，多用绸缎、纱、罗。根据用途有内用的汗衫和披在外面的凉衫。根据颜色有紫衫、白衫、青衫、皂（黑）衫、杏黄衫、茶褐衫等。紫衫本来是戎装，窄短，故又称"窄衫"，前后开衩以便于骑马，因为通常是紫色的所以叫紫衫。白衫就是凉衫，因为大都是浅白色的所以又叫白衫。《清明上河图》中，有头戴帷帽乘驴之女子也披"凉衫"。到宋孝宗时，规定白衫只作为吊慰凶丧时的服装，其他场合不再穿用。根据式样有交领和领领形式。此外还有一种襕衫，就是在一般的衫下摆处加一条横襕，一般用白细布制作，圆领大袖。这种衫在宋代一般文士、书生常穿。因这种衫的样子接近官服，所以官员中也有很多人穿。还有一种叫帽衫，是因头戴乌纱帽，身穿黑色罗制圆领衫而得名。

襦、袄，为平民日常穿用的必备之服，有夹棉之分，质料有布、绸、罗、锦、丝和皮，用色有青、红、枣红、墨绿、鹅黄等几种。这两者的差别并不很大，后来就同称谓了。

短褐，为贫苦人服，是粗布或麻布做成的粗糙的衣服。因为它身狭窄，袖子小，所以又叫筒袖襦。同类的还有褐衣，不像短褐那样又短又窄，一般而言，凡不属于绫罗锦一类的衣料都可以叫褐衣。也有用细麻或毛织成的，文人隐士好穿，也是道家用的衣服之一。

直裰也叫直身，是比较宽大的外披长衣，由于下摆无衩、背部却有一直通到下面的中缝而得名。这是一种对襟长衫，袖子大大的，袖口、领口、衫角都镶有黑边，穿着时头上一般配一顶方桶形的帽子，叫作"东坡巾"。当时退休的官员、士大夫多穿这种便服。僧人也有穿直裰的。

道衣本是道家的法服，但在宋代并不专是道士穿的服饰，一般的文人都可以穿。它的式样是斜领交裾，四周用黑布做缘边，用茶褐色做成袍子的式样，所以又叫道袍。穿道袍时，有时要用丝绦系住腰。

鹤氅，本是一种用鹤羽或其他鸟毛合捻成绒织成的裘衣，十分贵重，在两晋南朝的时候就有了。式样是穿袖、大身，宽长曳地。后来虽改用其他织料制作，但还是把这种宽大的衣着叫鹤氅。直掇和道衣都是斜领交裾，而鹤氅则是直领下垂至地的形式。

宋代还有一种叫貉袖的衣服，这种衣服的特点是便于骑马，袖在肘间而长短到腰间，是一种比较短小紧身的服式。

宋代男子还喜欢用鹅黄色的腹围，称"腰上黄"。

1975年从江苏金坛地区出土了一座宋代儒生的墓葬，该墓墓主是一位八品以下官职的庶人子弟。由于葬者地位低下，出土的文物，从质量到数量均较为逊色。从古至今男性与女性在衣着储备上生前自然有别，但在死后更明显不同，这位儒生的陪葬品就具有这种男性特点。陪葬物中有单衫、夹衫、丝锦袍、短衣和无底的紬袜裤等，比较简单。衣物大多是合领、交领和圆领式样。整个服装以六幅素纱拼制而成，纱孔稀疏，似为夏季服装。衣襟部分结构较有特色：掀开表面一层衣襟，里面还有一层衣襟，两道衣襟一左一右，大襟交领，左右两襟对称，均用纽扣系在两边。

贵族裤子的质地也十分讲究，多以纱、罗、绢、绸、绮、绫，并有平素纹、大提花、小提花等图案装饰，裤色以驼黄、棕、褐为主色。平民劳作时着裤质地比较粗劣。

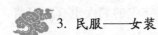

3. 民服——女装

总的来看，宋代妇女的装束主要继承唐装遗制，女服仍以衫、襦、袄、背子、裙、袍、褂、深衣为主。绝大部分是直领对襟式，无带无扣，颈部外缘缝制着护领。服式采用衣袖相连的裁剪方式。有的限于面料的幅宽，因而在衣片的背部或袖椿部分采用接缝和贴边装饰。除了北宋时曾一度流行的大袖衫襦、肥阔的裙裤外，窄、瘦、长、奇是这一时期妇女服装的主要特征。

根据出土实物判断，宋代女装都在领边、袖边、大襟边、腰部和下摆部位分别镶边或绣有装饰图案，采用印金、刺绣和彩绘工艺，饰以牡丹、山茶、梅花和百合等花卉。宋代女装在装饰上的主要特点是清新、朴实、自然、雅致。

宋代贵妇的便装时兴瘦、细、长的款式，衣着的配色也打破了唐代以红紫、绿、青为主的惯例，多采用各种间色：粉紫、黑紫、葱白、银灰、沉香色等。色调淡雅、文静，合理地运用了比较高级的中性灰色调，衣饰花纹也由比较规则的唐代图案改成了写生的折枝花纹，显得更加生动、活泼、自然。

一般平民女子，尤其是劳动妇女或婢仆等，仍然穿窄袖衫、襦。只是比晚唐、五代时更瘦更长，颜色以白色为主，其他还有浅绛、浅青等。裙裤也比较瘦短，颜色以青、白色为最普遍。

当时许多服饰别出心裁，花样百出。以至于后来官府不得不下令规定：妇女的服色都服从丈夫的服色，平常人家的妇女不准穿绫缣织的五色花衣。但当时人并没遵守这个规定，时装兴盛的风气有增无减。当时还有偏好"奇装异服"的，这其中就包括与宋长期敌对的契丹服装。后来甚至需要皇帝亲自下一道诏令，规定凡有穿契丹族衣服的人都定为杀头之罪。这股风潮才渐渐平息。

衫是宋代女装最普通的衣式。宋代妇女的衫大多是圆领、交领、直领、对襟，腰身清秀苗条，下摆多，有较长的开裰，衣料一般是用罗、纱、绫、缣等轻软的料子，多半以刺绣为装饰。

女装中的襦与袄也是相似的衣式。襦的造型短小，一般仅到腰部，对襟，侧缝下摆处开裰，袖端细长，衣身也比较窄。襦还分单襦、复襦，单襦与衫相近，复襦与袄相近。通常贵族妇女的服色以紫红、黄色为主，用绣罗并加上刺绣。平常的妇女多以青、白、褐色为多，上了年纪的妇女也喜欢穿紫红色的襦。

袄大多是有里子或夹衬棉的一种冬衣，对襟，侧缝下摆开裰，又叫"旋袄"，可以代替袍。

宋代对袍的穿用是有限制的，除命妇可以穿外，民间女子是不准穿的。后规定命妇的袍色，三品以上是紫色，绣着仙鹤和芝草；三品以下一律用黄色，并不绣花样。至于平时袄的服色，除了白色规定作为"凶服"外，其余的没有什么限制，可以随个人的喜好来选择。

窄袖衣是宋代女子中普遍流行的一种便服。式样是对襟、交领、窄袖、衣长至膝。特点是非常瘦窄，甚至贴

重庆大足石刻·宋代穿长袖襦的妇女

身。由于这种服装式样新颖又省料，所以很快就流行了起来，不但贵族女子喜欢穿，一般的女子也仿效。这也表明，宋代人注意经济实用，除了头髻外，穿衣尽量节约衣料，这样既便于行动，又凸显了女性的曲线美。这种单夹衣有前身短后身长的式样，也有无袖的大背心式样。

同时还流行着一种翻领款式取长至膝的窄袖衣。制作时在领襟上加两条窄窄的绣边装饰。翻领一般是三角形的，有时还要戴帔帛，腰里系绶，双双做成各种连环结。

宋末又流行一种窄袖衣，奇瘦，裹贴住身体，前后两侧缝的地方开衩，衣衩处有许多衣扣作为装饰，叫作"密四门"，人称妖服，是当时的奇装异服之一。

宋代的女装是上身穿窄袖短衣，下身穿长裙，通常在上衣外面再穿一件对襟的长袖小褙子，很像现在的背心，褙子的领口和前襟，都绣上漂亮的花

宋·《妃子浴儿图》表现的女装交领襦裙

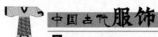
边，时称"领抹"。

宋代妇女的裙装与汉代妇女相似，都是瘦长、窄袖、交领，下穿各式的长裙，颜色淡雅。北宋时，妇女喜欢在裙子前面开衩，这样便于骑马，有钱人家的女子也爱在家里穿。这种习俗甚至到了元代（主要是在宫廷中）还仍然保留着。

宋代妇女以裙装穿着为主，但也有长裤。宋代妇女的裤一般都是不露在外面的，外面系着裙子，裙子大多把裤子都掩在裙内。虽也有单穿裤子不在外面穿裙子的，不过这是低等妇女的装束。宋代裤子的形式特别，上有绣花，而且还保持着无裆的裤。除了贴身长裤外，还外加多层套裤。受到封建礼教的影响，宋代汉族妇女开始有了缠足的习俗，因此裙长多不及地，以便露足。

当时妇女的贴身内衣有抹胸和裹肚。二者形状差不多，只是抹胸短小而裹肚较长。抹胸有时还可以穿在外面。宋代妇女等同男子一样在腰间围一个腰围，即"腰上黄"也有腰上系青花布的。

1975 年在福建省的浮仓山出土了一座墓葬，众多的陪葬品几乎涵盖了宋代女装的全貌。这是一座十分有研究价值的宋墓，墓主是一位因难产而死的少妇——黄昇，是南宋时期的贵族妇女。墓葬中的陪葬品的数量和质量都是上乘物品，出土的衣装配件十分齐全。长衣、短衣、单衣、夹衣、棉衣其式样均具有宋代风格，每件还有不同变化。

4. 军服

宋代的军服是在唐代军服的基础上经过改变形成的。宋朝的军队有禁军和厢军两大部分，禁军是皇家正规军，九品以上的将校军官，平时与各级文官一样，有朝服、公服和时服；战时则依据兵种和军阶不同，分别穿着各种铠甲。宋代的铠甲有皮制和铁制的两种。开始的铠甲只有表皮没有衬里，穿用时与皮肤接触容易磨损，后用绸做衬里。宋铠甲比隋唐时又增加了许多名称，比如钢铁锁子甲、连锁铠甲、明光细网甲、金装甲、长短齐头甲、黑漆濒水山泉甲、明举甲、步人甲等数种。据《宋史·兵志》记载，宋代一套铠甲的总重量达 45 斤至 50 斤，甲叶有 25 片，制造时费工作日 120 个，花用经费三贯半。

根据宋绍兴四年（1134 年）年的规定，步人甲由 1825 枚甲叶组成，总重量近 60 斤，同时可通过增加甲叶数量来提高防护力，但是重量会进一步上升。为此，皇帝还亲自赐命，规定了步兵各兵种的铠甲重量。尽管如此，单以重量而言，宋代步兵铠甲还是中国历代士兵中铠甲中最重的。

此外，根据《梦溪笔谈》记载，北宋年间，西北青堂羌族还善于制造一种瘊子铁甲，铁色青黑，甲面平亮，可以照见毛发，在五十步之外，以弩箭射击，铁甲面不会有一点损伤。

南渡之后，南朝小朝廷一直处于孱弱状态，根本无心顾及军备生产，铠甲制造技术开始进入停滞状态。当然，造成铠甲停滞的另一原因是火药的发明。南宋时火药的杀伤力已有很大的提高，铠甲在战争中的防御作用越来越小，尽管以后还使用了数百年，但已不像以前那样那么重视了。

厢军是地方州县军，军服和铠甲的装备都比较差。他们的军服衣身长短不一，紧身窄袖。所着的甲胄是仿战将的样式，不用皮或铁做甲片，而用粗布做面，细布做里，然后在甲面上用青、绿颜色画出甲片形状。

第三节
北方三朝——辽金西夏的服饰

宋、辽、金、西夏并立的时代，是中国历史发生急剧变化的时代，历史学家们往往将其视为第二个"南北朝时期"。盛唐的衰落，少数民族政权的相继崛起，宋政权的软弱，等等，所有这些却造就一个共同的结果：少数民族和汉民族之间的文化传承与交融。而这种文化上的传承和交融，也自然体现在服饰上面。

辽代服饰

辽的服饰受盛唐风格的影响极为显著。从内蒙古巴林右旗友爱辽墓出土的木板画《侍女图》来看，侍女乌发浓重，束高髻，髻顶有白色环状饰，下系红色带，带边饰黄色联珠纹。髻前两鬓插半圆形梳，左梳红色，右梳淡绿色。上身外着乳白色短襦，直领，淡绿色边，襦下为绛紫色地淡绿色团状牡丹花纹夹衣，胸前领后露出红色衣里，衣下部两侧开衩，分前后两片，底缘半圆形。内穿长裙，足穿绛紫色敞口鞋。胸前露墨绿色护胸，外缘淡黄色。于夹衣外胸前结红边橘黄色长带，带头并列下垂。这种装饰与衣着特征颇具唐代侍女遗风。

此外，在内蒙古赤峰宝山辽壁画墓的 2 号墓《颂经图》中，盛装女子均容貌丰润，发型讲究，着宽大衣袍，犹如唐代仕女画翻版。全图围绕颂经贵妇展开。贵妇云鬟抱面，所梳发髻的正面上下对插两把发梳，佩金钗。弯眉细目，面如满月。红色抹胸，外罩红地球路纹宽袖袍，蓝色长裙，端坐于高

内蒙古巴林右旗友爱辽墓木板画《侍女图》

背椅上。贵妇前侧并立 4 人，前 2 人为男吏，头戴黑色展脚幞头，分着红色、深褐色衣袍，表情谦和。后 2 人为侍女，一人着红袍，一个着浅色袍，均面向女主人拱手恭立。贵妇身后侍立二女，一持扇，一捧净盆。上述侍女除持扇者梳双髻外，其余发型均与女主人相同，着服亦为宽袖袍配长裙。这些都是汉族服饰的风格，但在辽墓壁画中却有所反映。

辽耶律羽墓中的丝绸团窠和团花图案，也从服饰图案上表明了辽与唐的不解之缘。在唐代，团窠成为一种将圆形主题纹样和宾花纹样作两点错排的图案形式的通称，而与此相类似的具有圆形外貌的花卉图案，称团花更为合适。耶律羽之墓中的团窠卷草对凤织金锦、绢地球路纹大窠卷草双雁乡、黑罗地大窠卷草双雁蹙金乡、罗地凤鹿绣、簇六宝花花绫等，基本

内蒙古赤峰宝山辽墓 2 号墓壁画《颂经图》

上属于团窠或团花图案的范畴。这显然是对唐代团窠和宝花图案的直接继承，受到了唐代晚期丝绸花鸟图案中穿花式纹样的影响。

到了辽宋并立时期，契丹人和汉族之间的交往更为频繁。在两国关系缓和时期，还在边境地区设立榷场，形成"茶马互市"。宋辽服饰之间的相互融合就是在这样的社会历史背景下展开的。

在汉族服饰和本民族传统的影响下，辽的服饰形成了独特的汉胡杂糅风格。根据接受汉服影响深度的不同，可以把辽的服装分为北班与南班两种类型。北班服饰为契丹族的"国服"；南班服饰则被称为"汉服"。北班服饰以长袍为主，男女皆然，上下同制。一般都是左衽、圆领、窄袖。袍上有疙瘩式纽襻，袍带于胸前系结，然后下垂至膝。长袍选用的色系一般比较灰暗，有灰绿、灰蓝、赭黄、黑绿等几种，纹样也比较朴素。贵族阶层的长袍，大多比较精致，通体平绣花纹。也有出现龙纹的，这反映了两民族的相互影响。

南班服饰不仅百姓可穿，汉族的官吏也同样可以穿。

宋朝流行的服饰诸如男子戴的幅巾，女子用以包裹发髻的巾帼，百裥裙，旋裙以及宫廷舞乐者的穿戴等自然会很快传入辽朝。根据《契丹国志》等书的记载，就连契丹国主也受到影响，在外出射猎时也头裹诸如汉人戴的幅巾。在契丹画家胡瓌所绘《卓歇图》里就有戴幅巾的契丹人物形象。

包髻是宋代妇女用以包裹发髻的巾帼。在辽墓出土的壁画中，也常常见到妇人包髻的形象。例如河北宣化辽代 5 号墓的后室西南壁壁画上，画有一桌，桌后站一妇女，黄色扎巾；桌右妇人包髻。察右前旗豪欠营 6 号辽墓出土的鎏金铜面具的上部，有一圈宽 8 厘米的帽状巾帻。帽状巾帻由四层丝织物组成，内絮丝绵，厚约 0.3 厘米。河北宣化下八里辽韩师训墓的后室西南壁上，也在画面右端描绘有一妇人头部包髻的形象。由此不难看出，在当时，契丹妇女受宋影响也养成了包髻的习惯，北宋大都市妇女，除了爱好包髻，还特别重视花冠。河北宣化下八里辽金 2 号墓东南壁也画有一妇人头饰白色花。由此可见，宋人以花冠装饰发髻的习尚也对辽代妇女产生了影响。

百裥裙始于六朝，至宋大兴。这种裙在辽金墓中也有所反映，如河北宣化下八里辽金 3 号墓东壁壁画上的妇人：头束髻，上身着蓝色左衽短襦，不系裙腰之中；下身穿红色蓝花百裥裙，足着团体色鞋。同为河北宣化的张文藻壁画墓，其后室南壁壁画里的挑灯侍女穿的也是百裥裙。宋代流行的裙式中还有以裙两边前后开衩的"旋裙"。这种旋裙在辽金墓中也有所体现，如河北宣化下八里辽金 6 号墓西壁画有《散乐图》：舞蹈者梳髻，上穿绿色交领短衣，下穿杏黄色旋裙，绿地白圈红点裤，红色蔽膝，黑色鞋。10 号墓中也有类似的发现。

花脚幞头在宋代是宫廷舞乐者所戴的一种幞头，在河北宣化下八里辽金 6 号壁画墓中，西壁《散乐图》中的乐队 7 人：均头戴形状各异的花枝幞头，上插花卉，眉间涂一黑点。10 号壁画墓中前室西壁男装女乐亦戴类似的花脚幞头。

1971 年在河北张家口市宣化区下八村里发现的辽墓，是一座汉族男子的墓葬。墓主是一个辽王朝的官吏。在他的陵寝四周的墙壁上，画满了各色人物，大多为汉族装束：男子或束发髻，或戴幞头，通穿圆领长袍；妇女梳髻，髻上插有发饰，耳垂挂有耳饰，身穿窄袖短襦，下穿曳地长裙，在腰的左侧，还垂有一条绶带，带上打有一结。

在辽代，服饰还是身份地位和阶级关系的反映。从辽庆陵壁画中我们可以看到，人多穿小袖，有裹巾子的，有髡发露顶的。这与当时人的身份地位相关。契丹本部的身边侍从，有品级的才许使用巾裹，一般仆从及本族豪富也必露头，即使身为富豪，也需向政府进献大量财富才能取得戴巾子资格。另外，内蒙古库伦旗七号辽墓墓道西壁壁画中，以墓主人和侍从的形象刻画，则深刻反映了主仆之间的阶级关系：墓主人身着淡蓝色圆领窄袖长袍，足蹬红靴，左手挎带、右手端红色方口圆顶帽；墓主人身后一侍从，戴黑色巾帻，内穿蓝色中单，外着淡蓝色交领窄袖长袍，外套蓝色交领半臂，围捍腰，袍襟掖于腰部，缚裹腿，穿麻鞋。左手持蓝伞荷肩，右手握拳至胸前。主仆的地位悬殊，从各自的装束

古代绘画中的人物服饰

中得到了充分的体现。

　　辽的服饰中还体现了宗教信仰。在其宗教信仰上，一方面契丹人保留了较多的原始及民族传统宗教的成分，另一方面则逐渐接受中原地区的宗法性国家宗教的影响，形成一种混合的形态。这种混合信仰也体现在辽的服饰形制上——在辽的服饰中，对于萨满教、佛教及道教都有或多或少的反映。

　　契丹人早期信奉萨满教。萨满教是由萨满扮演重要角色的一种宗教形态，以萨满和神相通，代神说话，驱魔消灾，为民求福为特色。萨满教的法具有很多，其中法帽（又作"神帽"）是最具代表性的法器之一。早期辽墓出土的鎏金银冠，在造型上与"神帽"较为相似，有可能就是从"神帽"衍变而来的。如辽宁朝阳前窗户村辽墓出土的随葬器物中，有一顶双凤戏珠纹鎏金银冠，高20、周长62、径19.4厘米。冠面正中悬一火焰珠，两侧双凤相对，昂首展翅，长尾，中有云气浮动，周边压印卷云纹，上宽下窄，装饰图案疏密有致，线条流畅，形象生动，制作精致。据介绍这顶鎏金银冠出于棺内朝东向死者头部。这与中原墓葬墓主头朝北向截然不同，表明墓主是信仰萨满教的人。辽宁建平县张家营子辽墓出土过一种双龙戏珠纹的鎏金银冠，其形制、大小，都与前窗户村辽墓出土的这一种相仿。

　　辽国自太祖皇帝起世代崇信佛教，对佛教皆采取支持、保护政策。辽国对佛教的信仰，在其服饰上同样也有一定的反映。在辽代早期的墓葬诸如耶律羽之墓出土的随葬品中，发现有盾形宝相花金戒指一枚，做工精致，花式边，中心模冲宝相花，周围在枝叶纹，指环饰卷叶纹。该墓随葬品中还有凸字形与桃形鎏金铜带扣各一个，其扣环正面皆模铸忍冬卷草纹。宝相花和忍冬卷草纹都是佛教的经典图案之一，将其运用在首饰和带扣上，可见当时人们对于佛教的信仰与倾向。在辽宁法库叶茂台辽墓的石棺内，有一具老年妇女的骨架，身上穿裹着十余件丝织品袍衫和裙裳，其中棉袍袍带的背饰为一件鎏金镶琥珀宝塔鸾凤纹银捍腰，后附罗衬，围于后腰。其面部锤錾出五个塔式建筑，刹如伞顶，檐有流苏，底为莲座，塔身镶琥珀，地錾鸾凤纹，此器两端分垂于膝下。

　　道教在辽朝的力量和影响比佛教要小得多，流行区域及人数也不能与佛教相比，尽管如此，它还是受到了统治阶级的欢迎，他们当中对道教感兴趣者不乏其人。据史籍记载，辽兴宗好道，甚至在夜宴时命后妃易装为女道士。在辽陈国公主驸马合葬墓出土的随葬物品中，有鎏金银冠和高翅鎏金银冠各一件。共中鎏金银冠用银丝连缀 16 处长镂雕鎏金薄银片制成。前面 2 片，左右两侧各三组 6 片，后面 2 片。银片边缘多呈云朵形，唯后面上片为山形。前面下片正中錾刻一道教人物像，并錾刻云朵、凤凰。而高翘鎏金银冠是用镂雕鎏金的薄银片制成。银冠旁边有一银质鎏金道教造像。像下为双重镂空六瓣花叶形底座，像后有背光，边缘有九朵卷云，或似九枝灵芝。造像人物高髻长须，身着穿袖长袍，双手捧物盘膝而坐。座底有二孔，与冠顶二孔相吻合，推测原应缀于冠顶。鎏金银冠和高翘鎏金银冠上的道教人物造像，表明陈国公主与驸马对道教的倾慕。

金代服饰

金人死后实行火葬，在北京、辽宁、内蒙古、黑龙江等地出土金代墓葬均有火焚迹象，故金国墓葬中遗存服饰实物的极少。我们今天对金代服饰的了解，主要依据历史文献。

金国为女真族国家，最初附属于辽，后来逐渐强大起来，开始对辽不断蚕食，最终联合北宋共同灭辽。

女真族发祥的东北地区缺乏种桑养蚕的条件，因此金人没有丝织的传统。所以"惟多织布，贵贱以布之粗细为别。又以化外不毛之地，非皮不可御寒，所以无贫富皆服之。富人春夏多以纻丝、锦袖为衫裳。亦间用细皮、布。秋冬以貂鼠、狐貉或羔皮，或作纻丝绸绢。贫者春秋并衣衫裳，秋冬亦衣牛、马、猪、羊、猫、犬、熊、蛇之皮，或獐、鹿、麋皮为衫。裤、袜皆以皮。"

自从女真人进入燕地，开始模仿辽国分南、北官制，注重服饰礼仪制度。灭辽战争中，金人感到北宋软弱可欺，故寻找借口，制造了侵宋战争，并最终迫使宋室南渡，放弃了淮河以北的国土。女真人由此进入黄河流域，又吸收了宋代冠服制度。因此，金朝服饰带有契丹、女真和汉族的多重特点。

皇帝冕服、通天冠、绛纱袍，皇太子远游冠，百官朝服、冠服，包括貂蝉笼巾、七梁冠、六梁冠、四梁冠、三梁冠、监察御史獬豸冠，大体与宋制相同。

公服的服色，五品以上服紫、六品七品服绯、八品九品服绿。款式为盘领横襕袍，窄袖、盘领、缝掖，即掖下不缝合，前后襟连接处作襈裯而不缺胯。衣长至中骭（即小腿胫骨间），便于骑马。在胸臆（膺）肩袖上饰以金绣。金世宗时曾按官职尊卑定花朵大小，三品以上花大五寸，六品以上三寸，小官则穿芝麻罗。腰带镶玉的为上等，金次之，犀角象骨又次之。一品束玉带，二品笏头球文金带，三四品荔枝或御仙花带，五品乌犀带。武官一二品玉带，三四品金带，五六七品乌犀带。腰带周围满饰带板，小的间置于前，大的置于后身，带板的装饰多雕琢春水秋山等纹样。带上挂牌子、刀子及杂用品三件至五件文官还要佩金银鱼袋。金之卫士、仪仗戴幞头，形式有双凤幞头、间金花交脚幞头、金花幞头、拳脚幞头、素幞头等。

金人的发式，据《大金国志》载"金俗……栎发（一作辫发）垂肩，……垂金环，留颅发系以色丝，富人用金珠饰。妇人辫发盘髻……自灭辽侵宋……妇人或裹逍遥巾、或裹头巾，随其所好。"

金代男子的常服通常由四个部分组成，即头裹皂罗巾、身穿盘领衣、腰系"吐骼"带（又译"陶罕"带）、脚着乌皮鞋。他们的形制（包括样式、色彩、纹样），都有一些特点。

巾之制，以皂罗和纱为之，上结方顶，折垂于后顶的下面，两角各缀方罗，径二寸许，方罗之下各附带，长六七寸。在横额之上，或做成一个缩褶裥作装饰。显贵者于方顶部沿着十字缝饰以珠，其中必有大珠，谓之顶珠。带旁各垂络珠结绥，长度为带的二分之一。

金代服饰有一重要特征，是多用环境色，即穿着与周围环境相同颜色的服装。这与女真族的生活习惯有关：因女真族属于游牧民族，以狩猎为生，服装颜色与环境接近，可以起到保护的作用。冬天多喜用白色。春天则在上衣上绣以"鹘捕鹅"、"杂花卉"及熊鹿山林等动物纹样，同样有麻痹猎物、保护自己的作用。

金代贵族服饰的装饰图案喜用禽兽，尤喜用鹿。在松花江下游奥里米金墓出土的玉透雕牌上，就雕有一对赤鹿，一只公鹿长角弓背，傲然挺立；一只母鹿回眸凝望，温文闲雅。左右两边各有一棵小树，表示鹿在林中栖息，具有游牧民族的装饰特点。兰州中山林金墓出土的雕砖上，也雕刻着大量的鹿纹。至于在山西稷山马村、化峪等地金墓发现的这种图案更多，鹿的形象也各不相同：或漫步缓行，或奔腾飞驰，富有浓厚的生活气息。这种装饰特点，在衣冠服饰上也得到充分的反映。鹿的图案被大量采用，除其本身的外形较为优美，便于用作装饰外，还有一个原因，即鹿与汉字的"禄"同音，富有吉祥的含意。本图所绘的裙字图案，即饰有鹿纹。明清时期，鹿的图案

金代左衽窄袖袍、长裙

虽然没有被收进官员补服，但在民间仍属常用，比较多见的是将它与"福"字和"寿"字配合在一起，名谓"福、禄、寿"。

女真女子喜穿遍绣全枝花的黑紫色六裥襜裙，襜裙就是前引《大金国志》所说用铁条圈架为衬，使裙摆扩张蓬起的裙子，虽与欧洲中世纪贵妇所穿铁架裙支衬的部位不同，但可以想见是很华丽的。上衣喜穿黑紫、皂色、绀色直领左衽的团衫，前长拂地，后长拖地尺余，腰束红绿色带。许嫁女子穿褙子（称为绰子），对襟彩领，前长拂地，后拖地五寸，用红、褐等色片金锦制作。头上多辫发盘髻。女真侵入宋地后，有裹逍遥巾的，即以黑纱笼髻，上缀五钿，年老者为多。冬戴羔皮帽。皇后冠服与宋相仿，有九龙四凤冠、袆衣、腰带、蔽膝、大、小绶、玉佩、青罗舄等。贵族命妇披云肩。五品以上母妻许披霞帔。嫔妃侍从服云纱帽，紫衫，束带，绿靴。

西夏服装

建立西夏的党项羌原为游牧民族，建国以后一向以武功立国，但在经济生活与文化上逐渐受汉族封建体系的影响。到西夏中期的仁宗仁孝时期，由于崇尚儒学，实行科举取士，失去骑射尚武的传统，逐渐沉湎于安逸侈靡之中，自此走向衰败的道路。成吉思汗多次进攻西夏，到其子窝阔台称汗以后最终灭亡了西夏。为了对成吉思汗因进攻西夏受伤而死一事进行报复，蒙古军队在占领西夏以后对其境内的各种物质、文化设施进行了彻底的毁灭，导致西夏文物典籍几乎全部损失。因此，今天我们想要了解西夏的服饰文化，也只能从一些历史陈迹中见其一斑。

西夏的服饰实物，在考古发掘中尚无完整的发现，但西夏的洞窟壁画、木板画等人物绘画，却保留了不少党项族的着装人物形象。如莫高窟第109窟东壁西夏王及王妃供养像，西夏王高167厘米，头戴白鹿皮弁，穿皂地圆

考古发现的西夏服饰图样

领窄袖团龙纹袍，腰束白革带，上系蹀躞七事，脚蹬白毡靴。手执香炉。身后侍从打伞撑扇，都戴白色扇形帽，窄袖圆领齐膝绿地黑小撮花衣，束蹀躞带，白大口袴，白毡靴。王妃鬓发蓬松，头戴桃形金凤冠，四面插花钗，耳戴镶珠宝大耳环，身穿宽松式弧线边大翻领对襟窄袖有袪曳地连衣红裙，手执供养花。这种衣裙与回鹘女装完全相同，可见她采纳了回鹘女装的格式。

敦煌当丝路要冲，西连回鹘高昌，李元昊于公元 1036 年攻取瓜、沙、肃三州，尽收河西地后，改革礼乐制度，其中自然也包括服制。西夏王穿汉式服装，因为他希望与中原皇帝平起平坐。而王妃穿回鹘装，则反映了西夏与回鹘在军事、经济、宗教、文化方面关系密切。

又如敦煌莫高窟第 148 窟男女供养人为西夏高级官员，男戴有檐小毡冠或扇形冠，穿圆领窄袖散答花袍，腰束绅带，绅带外再束蹀躞带而不挂蹀躞七事。脚穿皂靴，女戴桃形金凤冠或金花冠，广插簪钗，耳挂耳坠，穿大翻领窄袖宽松式回鹘裙装，女子发式，或宽鬓掩耳，或鬓发垂髻，余发披于后背。

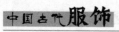
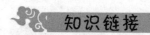

敦煌莫高窟

莫高窟坐落在河西走廊西端的敦煌，以精美的壁画、塑像和丰富的文献闻名于世。它始建于十六国的前秦时期。前秦符坚建元二年（366年），有位叫乐尊的僧人云游到鸣沙山东麓脚下。此时，太阳西下，夕阳照射在对面的三危山上，他举目观看，忽然间他看见山顶上金光万道，仿佛有千万尊佛在金光中闪烁，于是萌发开凿之心。此后历建不断，遂成佛门圣地。历经十六国、北朝、隋、唐、五代、西夏、元等历代的兴建，莫高窟形成了巨大的规模，俗称千佛洞。

莫高窟现存北魏至元的洞窟735个，分为南北两区。南区是莫高窟的主体，为僧侣们从事宗教活动的场所，有487个洞窟，均有壁画或塑像。北区有248个洞窟，其中只有5个存在壁画或塑像，而其他的都是僧侣修行、居住和亡后掩埋场所，有土炕、灶炕、烟道、壁龛、台灯等生活设施。两区共计492个洞窟存在壁画和塑像，有壁画4.5万平方米、泥质彩塑2415尊、唐宋木构崖檐5个，以及数千块莲花柱石、铺地花砖等，是世界上现存规模最大、内容最丰富的佛教艺术圣地，被誉为"东方卢浮宫"。近代发现的藏经洞，内有5万多件古代文献，堪称20世纪中国最有价值的文化发现。

自元代以后，莫高窟鲜为人知，几百年里基本保存了原貌。清光绪二十六年（1900年），道士王圆箓发现"藏经洞"，洞内藏有写经、文书和文物四万多件。此后莫高窟引人注目。在发现藏经洞以后，王圆箓先是徒步行走50里，赶往县城去找敦煌县令严泽，并奉送了取自于藏经洞的两卷经文。王道士的目的很明确，就是为了引起这位官老爷的重视。可惜这位知县不学无术，只不过把这两卷经文视作两张发黄的废纸而已。1902年，敦煌又来了一位新知县汪宗翰。汪知县是位进士，对金石学也很有研究。王道士向汪知县报告了藏经洞的情况。汪知县当即带了一批人马，亲去莫高窟察看，并顺手拣得几卷经文带走。留下一句话，让王道士就地保存，看好藏经洞。两次没有结果，王圆箓仍不甘心。他又从藏经洞中挑拣了两箱经卷，赶着毛驴奔赴肃州（酒泉）。他风餐露宿，单枪匹马，冒着狼吃匪抢的危险，行程800多里，找到了时任安肃兵备道的道台廷栋。这位廷栋大人浏览了一番，最后得出结论：经卷上的字不如他的书法好，就此了事。几年过去了，时任甘肃学政的金石学家叶昌炽知道了藏经洞的事，对此很感兴趣，并通过汪知县索取了部分古物，遗憾的是，他没有下决心对藏经洞采取有效的保护措施。直到1904年，省府才下令敦煌检点经卷就地保存。这一决定和当初汪知县的说法一样，都是把责任一推了之。王圆箓无法可想，又斗胆给清宫的老佛爷写了秘报信。然而，大清王朝正在风雨飘摇之际，深居清宫的官员哪能顾得上这等"小事"。王圆箓的企盼如泥牛入海，杳无音信。

1907年，英国考古学家马尔克·奥莱尔·斯坦因在进行第二次中亚考古旅行时，沿着罗布泊南的古丝绸之路，来到了敦煌。当他得知莫高窟发现了藏经洞的消息后，找到了王圆箓，表示愿意帮助兴修道观，由此取得了王的信任。斯坦因被允许进入藏经洞拣选文书，最终只花了200两白银，便带走了24箱写本和5箱其他艺术品。1914年，斯坦因再次来到莫高窟，又用500两白银向王圆箓购得了570件敦煌文献。这些藏品大都被斯坦因捐赠给了大英博物馆和印度的一些博物馆。大英博物馆现拥有与敦煌相关的藏品约1.37万件，是世界上收藏敦煌文物最多的地方。1908年，精通汉学的法国考古学家伯希和在得知莫高窟发现古代写本后，立即从迪化赶到敦煌。他在洞中挑选了三个星期，最终以600两白银获得了1万多件堪称精华的敦煌文书，后来大都入藏于法国国立图书馆。

1909年，伯希和在北京向一些学者出示了几本敦煌珍本，立即引起学界的注意。他们向清朝学部上书，要求甘肃和敦煌地方政府立刻清点藏经洞文献，并运送进京。当地官员们这才明白了敦煌文献的重要价值，但他

们却不是考虑如何去保护它，而是千万百计地想窃为己有。一时间官府的敲诈甚至偷窃成风，敦煌卷子因此流失更为严重。这是敦煌文献自发现以后最大的劫难。王圆箓也由于受了官府的骚扰，十分害怕，便将他认为最有价值的中文写本另外藏在一处安全的地方。清廷指定由甘肃布政使何彦升负责押运收集来的文物，但在押运沿途也散失了不少。到了北京后，何彦升和他的亲友们又攫取了一些。最后，1900年发现的五万多件藏经洞文献，最终只剩下了8757件入藏京师图书馆，现均保存于中国国家图书馆。

那些流失在中国民间的敦煌文献，有一部分后来被收藏者转卖给了日本藏家，也有一部分收藏于南京国立中央图书馆，但更多的已难以查找去向。王圆箓转移藏匿的写本，在1911年和1912年大都卖给了日本人吉川小一郎和橘瑞超，其余的则在1914年又卖给了斯坦因。1914年，俄罗斯的奥尔登堡对已看起来空空如也的藏经洞重新进行了深入挖掘，又获得了一万多件文物碎片，它们目前藏于俄罗斯科学院东方学研究所。

除了藏经洞文物受到多方瓜分，敦煌壁画和塑像也蒙受了巨大的损失，目前所有唐宋时期的壁画均已不在敦煌。伯希和与1923年到来的美国人兰登·华尔纳先后利用胶布粘取了大批极具价值的壁画，有的甚至只攫取壁画中的一小块图像，严重损害了壁画的完整性。王圆箓为打通部分洞窟也毁坏了不少壁画。1922年，莫高窟中甚至一度关押了数百名俄罗斯沙皇军队士兵，他们在洞窟中吃喝拉撒，烟熏火燎，破坏也很大。1940年至1942年，国画家张大千曾两次赶赴敦煌莫高窟描摹壁画，发现部分壁画有内外两层，他便揭去外层以观赏内层，剥损的壁画总共约有30余处。经过各个历史时期的人为损毁，莫高窟和敦煌艺术的完整性遭到严重破坏。

安西榆林窟第29窟西壁南侧分上下两列画着女供养人，上方三身有西夏文题记："女金宝一心归依""媳妇赖氏××一心归依"。她们原都戴尖圆形金冠，右边插花簪，耳垂耳坠，云鬓广额，穿交领、领口镶宽花边、右衽、窄袖、左右开衩的衣锦袍，袍内穿百褶裙，裙两侧和前方垂绶，脚穿翘尖履，合掌捧供养花，她们的服装就是党项羌的民族服装。同窟西壁北侧分上下两列画男供养人，上列三身，前两身高73.3厘米，第三身略低。西夏文题记知道是瓜州和沙州监军司官员父子孙三代，头戴毡帽，身穿圆领长袍，前两身帽前有金花为饰，腰有腰袱，腰带前有垂绅及地，脚穿皂靴。后一身腰间无腰袱，帽前无金饰。身后随从三人，其中两人髡发，一人戴巾帻，两人穿圆领齐膝衣、长裤、绑腿、麻线鞋，一人穿圆领长衫，腰带，皂靴。安西榆林窟第2窟有一对西夏武官和命妇供养人像，男戴毡帽，穿交领右衽袍，腰有腰袱（捍腰）、绅

西榆林窟第3窟千手千眼观音像及法光内的西夏人物

带两端前垂、绅带外加饰有圆錡的蹀躞带，脚踏乌靴。女梳高髻、簪有钿花，左右双插步摇簪，耳垂耳坠，颈挂念珠，穿交领右衽窄袖高开衩长衫，内衬中单、下穿百褶长裙，裙左右两侧佩绶，前方绅带双垂，脚穿翘尖靴。这类男女衣着，与1977年在甘肃武威县两郊林场西夏2号墓室出土的彩绘木板画五男侍图及五女侍图所穿衣着款式相类。西夏劳动人民，男子一般穿短襦短衫，小口长裤，有的小腿束绑带，足穿草鞋，女子则穿裙衫。在安西榆林窟第3窟内室东壁南端千手千眼观音像法光两侧，画着非常写实的犁耕图、踏碓图、锻铁图、酒图，可见到西夏劳动者一般的着衣情况。

北方三朝的军服

据《辽史》记载，辽在契丹国时，军队就已使用铠甲，主要采用的是唐末五代和宋的样式，以宋为主。铠甲的上部结构与宋代完全相同，只有腿裙明显比宋代的短，前后两块方形的鹘尾甲覆盖于腿裙之上，则保持了唐末五

代的特点。铠甲护腹好像都用皮带吊挂在腹前，然后用腰带固定，这一点与宋代的皮甲相同，而胸前正中的大型圆护，是辽代特有的。辽代除用铁甲外也使用皮甲。契丹族的武官服装分为公服和常服两种，样式没有明显不同，都是盘领、窄袖长袍，与一般男子服饰相同，可能常服比官服略紧身一些。这两种都可作战服。

金代早期的铠甲只有半身，下面是护膝；中期前后，铠甲很快完备起来，铠甲都有长而宽大的腿裙，其防护面积已与宋朝的相差无几，形式上也受北宋的影响。金代戎服袍为盘领、窄袖，衣长至脚面；戎服袍还可以罩袍穿在铠甲外面。

西夏武士所穿铠甲为全身披挂，盔、披膊与宋代完全相同，身甲好像两当甲，长及膝上，还是以短甲为主说明铠甲的制造毕竟比中原地区落后一些。西夏的官服为也可作戎服，如辽代的契丹服一样，两者无明显差别。

元明时期的中国服饰

　　元代是中国历史上民族融合的时代，服装服饰也充分体现了这一特点。元代由于民族矛盾比较尖锐，长期处于战乱状态，纺织业、手工业遭到很大破坏。官中服制长期延用宋式。到了明代，纺织技术得到很大发展。明初要求衣冠恢复唐制，其法服的式样与唐代相近。

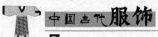

第一节
元代纺织与服装

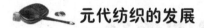 **元代纺织的发展**

元太祖成吉思汗自 1206 年建国，灭西夏、金之后，民族组成主要以蒙古族为主。元世祖忽必烈即位后，又经过长期战争，灭亡南宋，统一中国，并建立了以蒙古人为核心的民族等级和民族歧视政策。由于民族矛盾比较尖锐，又长期处于战乱状态，包括纺织业在内的元代手工业遭到很大破坏。

同时，元代又是中国纺织业特别是棉纺织业发展的重要阶段。首先是棉花种植的普及，改变了传统以麻布为主要衣着原料的习惯。其次，棉织业的兴起，以及一整套设备和技术的传入和改良，使得棉纺织品的产量和质量都发生了飞跃式的提升。而提到元代中国棉纺织的发展，就不得不提到一位了不起的女性——黄道婆。

黄道婆，元松江府乌泥泾镇（今上海市华泾镇）人，是一个普普通通的劳动妇女。据传说，她小时候给人家当童养媳，由于不堪忍受封建家庭的虐待，她勇敢地逃出了家门，来到了海南岛的崖州（今海口市）。从此，她在海南岛居住了 30 多年。她在海南崖州期间，虚心向当地的黎族人民学习纺织，不仅全部先进技术，还把崖州黎族使用的纺织工具带回家乡，并以她的聪明才智，逐步加以改进和革新，使家乡以至整个江南地区的纺织水平都所提高。经过她改进推广的"擀（搅车，即轧棉机）、弹（弹棉弓）、纺（纺车）、织（织机）之具"，在当时具有极大的优越性。

黄道婆之前，脱棉籽是棉纺织进程中的一道难关。棉籽粘生于棉桃内部，很不好剥。13 世纪后期以前，脱棉籽有的地方用手推"铁筋"碾去，有的地方直接"用手剖去籽",效率相当低，以致原棉常常积压在脱棉籽这道工序上。黄道婆推广了轧棉的搅车之后，工效大为提高。

在弹棉设备方面，黄道婆之前江南虽已有弹棉弓，但很小，只有1尺5寸长，效率很低。黄道婆推广了4尺长、装绳的大弹弓，使弹棉的速度加快了。

就棉纺织的各种工具而论，最值得注意的还是纺车的改进。棉纺车来源于麻纺车，而麻纺车是由纺丝的莩车演变而成的。黄道婆推广了3锭棉纺车，是用脚踏发动纺车，使效率大为提高。在西方人于工业革命时代发明机械化的握持工具"罗拉"以前，单凭双手握持3个棉筒捻绪，可以说已经达到了手工纺织技术之极高的水

黄道婆（邮票图案）

平了。马克思在《资本论》里说过，当未发明珍妮纺纱机时，德国有人发明了一种有两个纱锭的纺车，但能够同时纺两根纱的纺织工人却几乎和双头人一样不易找到。可见黄道婆推广这一成就对于中国纺织业有多么重要。

黄道婆还推广和传授了"错纱配色，综线挈花"之法，后来松江一带织工发展了这种技术且更加精益求精。她还把"崖州被"的织造方法传授给镇上的妇女，一时"乌泥泾被"闻名全国，远销各地。原来"民食不给"的乌泥泾，从黄道婆传授了新工具、新技术后，棉织业得到了迅速发展。到元末时，当地从事棉织业的居民有1000多家，到了明代，乌泥泾所在的松江，成了全国的棉织业中心，赢得"衣被天下"的声誉。

黄道婆就是这样以自己的杰出贡献，而被载入我国纺织业的发展史册，永远受到后人的敬仰。

元代的丝织业虽然因为棉织业发达而有所衰退，但技术依然有进步。元朝在苏州平桥南设立织造局，开创了朝廷在江南设置织造局的先例。为适应

蒙古贵族审美需要得到发达的织金等纺织技术，将元朝高级的纺织品装饰的更加彩缤纷、富丽堂皇。

1976 年，内蒙古集宁市东南 30 公里、察右前旗巴音塔拉公社南 5 公里处发现一批窖藏元代丝织品。其中几件丝织品，无论是光泽、弹性，还是抗折性都比较好，保存较完整。它织刺精细、图案别致，以蓝、绿、黄、褐等多种颜色的丝线刺绣而成。这对于研究元代纺织业，尤其是丝织刺绣业的发展，以及研究元王朝的社会历史形态都有极其重要的价值。

元代服装大量用金，超过以往历代。织物加金，早在秦代以前就已出现。至于在汉族服饰上得到运用，时间大约在东汉或东汉以后，而且主要在宫廷中使用。直到魏晋南北朝以后，服饰织金的风气才在全国范围内普及。宋代贵族服

台北故宫博物院藏元世祖忽必烈像

饰用金，在技术上已发展到了 18 种之多。辽、金统治地区织金技术也有很大进步，尤以回鹘族地区最为流行，所织衣料最为精美。元代继辽、金之后，在织物上用金更胜于前代。

元代服饰的变化

元代蒙古男子多把额上的头发弄成一小绺，像个桃子，其他的就编成两条辫子，再绕成两个大环垂在耳朵后面，头上戴瓦楞帽、棕帽及笠子帽。"瓦楞帽"是用藤篾做的，有方圆两种样式，顶中装饰有珠宝。汉族平民百姓多用巾裹头，无一定格式。蒙古族的贵族妇女，常戴着一顶高高长长的帽子，这种帽子叫作"罟罟"。

知识链接

元世祖

孛儿只斤·忽必烈（1215—1294 年，1260—1294 年在位），蒙古帝国成吉思汗之孙，拖雷第四子，蒙哥汗之弟。1260 年自称蒙古帝国可汗，汗号"薛禅汗"，但未获普遍承认。1271 年建立元朝，成为元朝首位皇帝，庙号世祖，谥号圣德神功文武皇帝。

蒙哥汗即位后，把治理漠南地区的任务交给忽必烈。1256 年，忽必烈在滦河上游地建开平府，起用儒士，兴办屯田。1253 年，奉命征云南，次年灭大理。1259 年，围攻南宋鄂州（湖北武昌）时，得知蒙哥汗死讯，与宋贾似道讲和，率军北还，准备夺取汗位。

次年，其弟阿里不哥在蒙古故都哈拉和林被选作帝国大汗，而忽必烈则在开平自立为大汗。于是阿里不哥与忽必烈开始争夺汗位。虽然忽必烈在这场斗争中获胜，但中央汗国外的四大汗国——拔都的金帐汗国，西亚的伊尔汗国，中亚的察合台汗国，乃蛮故地的窝阔台汗国，却因他违背大汗选举传统以及他的"行汉法"主张而纷纷与他断绝了来往，脱离了他的统治范围。至此，忽必烈的政权只包括中原地区、东北地区（包括整个黑龙江流域）、吐蕃地区（包括今青海、西藏等地）、蒙古草原全境，西伯利亚南部地区以及今新疆东半部。

忽必烈即汗位后，遵循汉法，建元中统，立中书省，以王文统为平章政事，张文谦为左丞，立十路宣抚司。至 1271 年，建国号为大元，正式登基称皇帝，即为元世祖。同时开始了南下攻打南宋的计划。元朝军队虽用了六年时间才攻陷重镇襄阳，但以后的进展则相当顺利。1276 年攻克南宋首都临安，灭亡了南宋。

元世祖遵循汉族传统，确立了中央集权政治，恢复正常的统治秩序，采取一些有利于农业和手工业生产的措施，让社会经济逐步恢复和发展。

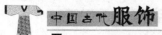
从而边疆地区得到开发。全国统一，初步奠定了国家疆域的规模，发展了国内各民族的经济文化交流。

蒙古人进入中原以后，除保留本民族的服制以外，也采用汉、唐、金、宋的宫廷服饰，特别是灭宋以后一段时间，宫中服制长期沿用宋式。如天子的通天冠和绛纱袍，百官戴梁冠、青罗衣加蔽膝是朝服和冕服等形制，汉族的公服也为通用服式。常服的外面，罩一件短袖衫子，妇女也有这种习俗（称为襦裙半臂）。从款式上看，公服与周代近似，衣袖较紧、窄，下裳较短，衣长至膝下，造型像百褶裙。

台北故宫博物院藏元世祖皇后察必像，展示了头戴"罟罟"的蒙古贵族妇女形象

直到 1321 年元英宗时期才参照古制，制定了天子和百官的上衣连下裳，上紧下短，并在腰间加襞积，肩背挂大珠的服制，汉人称"一色衣"或"质孙服"。这是承袭汉族又兼有蒙古民族特点的服制。这种"质孙服"是较短的长袍，比较紧、比较窄，在腰部有很多衣褶，很方便上马下马。"质孙服"服用面很广，大臣在内宫大宴中可以穿着，乐工和卫士也同样服用。

这种服式上、下级的区别体现在质地粗细的不同上。天子服的有 15 个等级（以质分级层次）。每级所用的原料和选色完全统一，衣服和帽子一致，整体效果十分出色。比如衣服若是金锦剪茸，其帽也必然是金锦暖帽；

若衣服用白色粉皮，其帽必定是白金答子暖帽。天子夏服也有 15 个等级，与冬装类同。百官的冬服有 9 个等级，夏季有 14 个等级，同样也是以质地和色泽区分。

元代贵族袭汉族制度，在服装上广织龙纹。据《元史·舆服志》记载，皇帝祭祀用衮服、蔽膝、玉簪、革带、绶环等饰有各种龙纹，仅衮一件就有八条龙，领袖衣边的小龙还不计。龙的图案是汉族人民创造的，它代表着华夏民族的文化。其实在晚唐五代以后，北方少数民族相继建立政权，都无例外地沿用了这一图案。只是到了元代更加突出，除服饰大量用龙之外，在其他生活器具中也广泛使用。

内蒙古自治区呼和浩特蒙元文化博物馆藏织金锦质服装

元代平民男子服装，以长袍为主，"比肩""比甲"也是常服。"比肩"是一种有里有面的较马褂稍长的皮衣，元代蒙人称之为"襻子答忽"。"比甲"则是便于骑射的衣裳，无领无袖，前短后长，以襻相连的便服。

知识链接

永乐宫纯阳殿壁画

　　永乐宫，又名"大纯阳万寿宫"，原址位于山西省芮城西南黄河北岸的永乐镇。1959 年，因修建三门峡水库，整体迁至县城北 3 公里的龙泉村东侧。永乐宫始建于元代，历时 110 多年最终建成。永乐宫是一处道观，是为奉祀中国古代道教"八洞神仙"之一的吕洞宾而建。

纯阳殿是永乐宫中的第二大殿，殿中壁画以连环画形式，描绘了吕洞宾的一生。从吕洞宾降生咸阳画起，一直画到他赴考、得道、辞家、超度凡人和游戏红尘，等等，共五十二幅画面。画中人物繁多，身份各不相同，所穿服装也各有特色，对了解元代的社会风尚、生活习俗，特别是平民百姓的衣冠服饰有较高参考价值，有"元代《清明上河图》"之称。

元代女服分贵族和平民两种样式。贵族多为蒙人，以皮衣皮帽为民族装，貂鼠和羊皮制衣较为广泛，式样多为宽大的袍式、袖口窄小、袖身宽肥。由于宽大而且衣长曳地，走起路来很不方便，因此外出行乐时，常常要两个婢女在后面帮她们牵拉袍角。种袍式在肩部做有一云肩，即所谓"金绣云肩翠玉缨"，十分华美。作为礼服的袍，面料质地十分考究，采用大红色织金、锦、蒙茸和很长的毡类织物。当时最流行的服用色彩以红、黄、绿、褐、玫红、紫、金等为主。此外受邻国高丽的影响，都城的贵族后妃们也有模仿高丽女装的习俗。

山西永乐宫纯阳殿壁画局部——扎巾、穿襦裙、披帛的妇女形象

元代蒙古族平民妇女，多是穿黑色的袍子，穿汉族的襦裙、半臂也颇为通行。汉装的样子常在宫中的舞蹈伴奏人身上出现，唐代的窄袖衫和帽式也有保存。

元代汉族女子，仍穿襦裙或背子，由于蒙古族的影响，服装的样式也有所变化，有时也用左衽，女服的色彩也比较灰暗。

元代军服很独特

蒙古主力军全部是骑兵，组织严密、装备精良，而且还配有火器，尤为突出的是甲胄。元代铠甲的种类有柳叶甲、铁罗圈甲等。其中铁罗圈甲内层用牛皮制成，外层用铜铁丝缀满铁网甲片，甲片相连如鱼鳞，箭不能穿透，制作极为精巧。另外还有皮甲、布面甲等。

戎服是只有一种本民族的服饰，即质孙服，样式为紧身窄袖的袍服，有交领和方领、长和短两种，长的至膝下，短的仅及膝。还有一种辫线袄与质孙服完全相同，只是下摆宽大、折有密裥，另在腰部缝以辫线制成的宽阔围腰，有的还钉有纽扣，俗称"辫线袄子"，或称"腰线袄子"。这种服装也是元代的蒙古戎服，军队的将校和宫廷的侍卫、武士都可服用。

第二节
明代纺织与服饰

明代纺织的发展

明朝时期的纺织技术更趋发展。这首先表现在纺织也开始出现了资本主义生产方式的萌芽，其生产规模、组织结构以及劳动方式都发生了极大的变化。官营纺织生产和民间纺织生产都有很大发展。江南三织造——南京、苏州和杭州的织造局（或称织造府），生产的织物供皇室和政府使用，设有规模很大的"机房"，且产品豪奢华丽而耗料费劲，不计成本。这一方面极大地加重了劳动人民的负担，一方面也刺激了纺织物品种的发展。民间纺织行业也兴盛起来，工艺技术、织物品种等方面，都超越前代水平，呈现一片繁荣兴盛的景象。

棉花到了明代开始推广到黄河流域，进而遍及全国。棉布很快地取代丝麻成为广大人民的衣被之源。

明代棉纺织业的蓬勃发展，除了棉纤维具有"比之蚕桑，无采养之劳，有必收之效，埒之枲苎，免绩辑之工，得御寒之益"的优良特性外，与政府大力提倡植棉也是分不开的。据《明史·食货志》记载，明太祖朱元璋立国之初即下令："凡民田五亩至十亩者，栽桑、麻、木棉各半亩，十亩以上倍之……不种麻及木棉，出麻布、棉布各一匹"。洪武二十七年（1394年）又令各地农民，"若有余力开地植棉，率蠲其税"（《洪武实录》卷232）。这些奖励植棉的政策无疑推动了棉纺织业的发展，为棉纺织提供了大量的原料。

明代棉纱、棉布的生产规模相当庞大，我们可以从官府每年征收棉布的巨额数量看出来。据《明实录》所载：洪武年间（1368—1398年）每年征收棉布60万匹，而到永乐年间（1403—1424年），就骤增到90万匹，在短短三十年间，征收量就增加一半。当时从事棉布生产的，除了官办的国营工场和私人的手工作坊外，更多的是农民的家庭副业，出现"十室之内必有一机"，"棉布寸土皆有"的盛况（宋应星《天工开物》）。江南的松江已发展成全国最大的棉纺织中心，其产品上贡宫廷，下销全国，有"买不尽松江布，收不尽魏塘纱"之誉。松江还生产出一些名优产品如尤墩布、眉织布、丁娘子布。明朝著名诗人朱彝尊还特地写诗称颂"丁娘子布"："丁娘子，尔何人？织成细布光如银。舍人箧中刚一匹，赠我为衣御冬日……晒却浑如飞瀑悬，看来只讶神云活。为想鸣梭傍碧窗，掺掺女手更无双。"

纺织机具的改进是纺织技术发展的必要前提。明代纺织机具的重大改进和革新主要有下面几项：

一是轧花工具的改进。籽棉轧去棉籽而成皮棉是棉花初步加工的重要工序。元代轧棉的搅车需要三人或四人同时操作，产量低，使用很不方便。明代作了重大改进，只要一人自摇、自踏、自喂。一人每日工作十二小时，可轧籽棉十斤，出皮棉三斤，生产效率有了很大提高。

二是弹花工具的革新。棉花去籽之后，下一步工序便是开松去杂，即所谓弹棉。明代采用"以木为弓，蜡丝为弦""长五尺许，上圆而锐，下方而阔，弦粗如五股线。置弓花衣中，以槌击弦作响，则惊而腾起，散如雪，轻如烟"。其生产效率要提高数倍。除了这种"木弓蜡弦"的弹弓外，还有一种悬弓，即将弹弓悬吊在缚在柱旁的弯竹竿的顶端，弹花时可以省却时时举弓之劳，操作更为省力。

三是脚踏纺车的改进。经黄道婆改进的三锭纺车，到了明代中叶又增加到四锭，广泛用于棉纱加工。

四是罗织机的创新。纱罗织物虽然早在商周时代即已出现，但织罗结构一直比较简单，只用一片绞综和一片地综。到了明代，对罗织机作了重大革新，创造出三梭罗、五梭罗、七梭罗、秋罗等新的品种。其织造原理主要在于起综方法的不同。在绞经和地经绞缠一次，连续织入三根纬线称为三梭罗；织入五根或七根纬线的称为五梭罗或七梭罗；织两梭平纹，一梭起绞，形成横路的称为秋罗。这些新颖的纱罗织物，凉爽透风，用作夏服，舒适宜人，极受欢迎。

明代在纺织工艺技术上也大大地超越前代。首先是交织织物的涌现。秦汉隋唐以来的纺织品，大多采用一种原料制织，直到明代才广泛使用两种不同原料进行交织，涌现出很多交织织物。其中著名的有广东东莞生产的麻经丝纬的渔冻布；广东宝安生产的棉经麻纬的罾布；福建漳州生产的棉、丝、麻三合一的假罗。这些交织品制作精细、质量优良、服用性能良好。

其次表现在织锦工艺的提高。明锦无论在织造技术上，还是在花色品种上都大大超过宋锦。现存故宫博物院的大量明锦以及定陵出土的锦缎衣服皆可为证。明锦在继承宋锦的基础上更有所发扬光大，锦上织造的花纹图案更为复杂，色彩搭配也鲜艳华丽。特别令人注目的是妆花缎和织金锦的高超技艺，已达到空前的地步。妆花缎是用多种彩色的纬丝在缎纹地组织上分段挖花，形成色彩鲜艳的花纹，所谓"锦上添花"盖起源于此。当时南京生产的云锦，品种有17个之多，名闻全国。织金锦是用金丝或银丝在锦缎上织出花纹。其中又分为库金——用金箔包缠在丝线上；加金——用金线镶嵌在花纹四周；刻金——部分花纹使用金线；金宝地——全部用金线织成地组织，再加彩色花纹。这种织金锦缎，织造精细，显金面广，色彩绚烂，富丽堂皇，是十分华贵的衣料。

明代的起绒技术也有了长足进步。汉代的绒圈锦，南宋的绒背锦、绒纱，元代的剪绒"怯锦里"等都是起绒织物的雏形，而明代的漳绒才是真正的割绒织物，与我们现代绒类织物的制作原理极其相似。在定陵孝端皇后棺内陪葬的一件双面绒织物，经过分析，在一个完全组织内，地经与绒经之比为2：

明代南京云锦织物——万历织金寿字龙云肩通袖龙栏妆花缎衬褶袍（南京云锦研究所复制品）

1，地经细而纬纱粗，经密为 600 根/10 厘米，纬密为 60 根/10 厘米。经密比纬密大 10 倍。绒毛高度约 7 毫米，织绒技巧十分高超。

明代的浆纱工艺也有提高。明代对于织布以前为经纱上浆的重要性已有充分的认识。纱罗织物由于轻薄必须上浆，绫绸织物由于厚实则可浆可不浆。所用的浆料有两种：一为小麦淀粉，一为牛皮胶水。上浆方法是将浆液浸涂于筘上，再在经纱上来回推动，使浆液渗入经纱后再阴干。浆经工序当时称作"过糊"。（见宋应星《天工开物》）

明代在印染工艺方面也有了长足的进展。染色用的植物性染料据《本草纲目》和《天工开物》所载，已有几十种之多，常用的色谱就有二十多种，由于套染技术的提高，色谱更日益扩大。芜湖是当时全国染色业的中心，设有专门染制各种单色的作坊，在染料选用和染色工艺上都有很高的技术。现在传世的明代染织物，虽历时四五百年，但其色泽仍然鲜艳如新。明代还发明了拔染技术，即利用某些化学药品褪去深色织物上的色彩而取得白色花纹。

明代提花技术又有所提高，将织机上的五层经线改为四层，织成品细薄实用，节省原料，降低成本。因而产品激增，品种繁多，被称为"巧变百出，花色日新"。明代纹样图案的风格及其造型在中国图案史上写下了光辉的一页，出现了几何形和自然形的纹样，以及接近自然形的装饰性纹样，形成了我国古典图案中的一个重要部分。它不过于拘束在自然形体的结构上，而是集组了许多花卉的优点，富于艺术想象。明代纺织品中较有代表性的品种有妆花、改机、漳缎、云布、丝布等。仅以妆花为例，就有 17 个品种，其结花技术是后来提花机纹样装置的先驱。苏州、杭州、成都、广州、福建等地盛产各种丝绸，畅销国内外。

明代由于纺织技术的高度进步，生产出来的纺织品更是品种繁多，丰富多彩。棉、毛、丝、麻各类纺织品无不具备，特别是丝织物，我们现代所有的各种丝织品如纺、绉、纱、罗、绸、缎、绫、锦、绢、绒，等等，当时也一一俱全。后世称之为云锦的南京织锦，在当时已经形成了其基本风格。明代纺织丝绸的海外贸易，主要针是对南洋各国和日本等地。

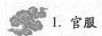 明代服饰的变化

1. 官服

上层社会的官服是权力的象征，历来受到统治阶级的重视。自唐宋以来，龙袍和黄色就为王室所专用。明代皇帝的常服以黄色的绫罗制作，样式为盘领、窄袖，前后及两肩绣有金盘龙、翟纹及十二章纹。配合常服的是翼善冠，戴乌纱折上巾，玉带皮靴。

百官公服自南北朝以来紫色为贵。但因明朝皇帝姓朱，遂以朱（绯）为正色，又因《论语》有"恶紫之夺朱也"，紫色官服从此废除不用。

定陵出土的明思宗朱翊钧（万历皇帝）金丝翼善冠

明朝建国二十五年以后，朝廷对官吏常服作了新的规定，凡文武官员，不论级别，都必须在袍服的胸前和后背缀一方补子，文官用飞禽，武官用走兽，以示区别。自此，戴乌纱帽、身穿盘补服是明代官吏的主要服饰。用"补子"表示品级也成为明代官服最有特色的一点，并直接影响了清代官服的形制。

定陵出土的明思宗朱翊钧（万历皇帝）大碌带

补子是一块约 40～50 厘米见方的绸料，织绣上不同纹样，再缝缀到官服上，胸背各一。文官的补子用鸟，武官用走兽，同时配合服色，各分九等。

明代品官章服表

品级	朝冠	服色	补纹		带
			文	武	
一品	七梁	绯袍	仙鹤	狮子	玉
二品	六梁	绯袍	锦鸡	狮子	花犀
三品	五梁	绯袍	孔雀	虎豹	金钑花
四品	四梁	绯袍	云雁	虎豹	素金
五品	三梁	青袍	白鹇	熊	银钑花
六品	二梁	青袍	鹭鸶	彪	素银
七品	二梁	青袍	鸂鶒	彪	素银
八品	一梁	绿袍	黄鹂	犀牛	乌角
九品	一梁	绿袍	鹌鹑	海马	乌角

官员平常穿的圆领袍衫，则凭衣服长短和袖子大小区分身份，长大者为尊。这种袍衫同时也是明代男子的主要服式，不仅官宦可用，士庶也可穿着，只是颜色有所区别。平民百姓所穿的盘领衣必须避开玄、紫、绿、柳黄、姜

黄及明黄等颜色，平民妻女则只能以紫、绿、桃红等色制作，以免与官服正色相混；劳动大众只许用褐色。

 2. 平民服饰

明代普通百姓的衣服或长、或短、或衫、或裙，基本上承袭了旧传统，且品种十分丰富。男子一律蓄发绾髻，着宽松衣，穿长筒袜、浅面鞋。

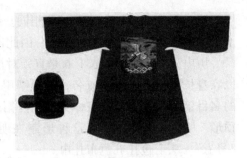

明代补服图样（文官一品）

明代妇女的服装主要有衫、袄、霞帔、背子、比甲及裙子等。与元代相比，衣服的基本样式大多恢复唐宋汉族的习俗，一般都为右衽。其中霞帔、背子、比甲为对襟，左右两侧开衩。成年妇女的服饰，随个人的家境及身份的变化，有各种不同形制。凤冠霞帔是明代妇女的礼服，是后妃在参加祭祀等重大典礼时使用的服饰。整个冠上缀着龙凤，搭配霞帔一起穿着。普通妇女服饰比较朴实，主要有襦裙、褙子、袄衫云肩及袍服等。

明代女性习惯在裙子外罩一件褙子衫或是云肩。明代褙子，有宽袖褙子、有窄袖褙子。宽袖褙子，只在衣襟上，以花边作装饰，并且领子一直通到下摆。窄袖褙子，在袖口及领子都有装饰花边，领子花边仅到胸部。

明代比甲大多为年轻妇女所穿，而且多流行在士庶妻女及奴婢之间。到了清代，这种服装更加流行，并不断有所变革，后来的马甲就是在此基础上经过加工改制而成的。

有一点需要指出的是，明代开始，中国传统服装较多使用的纽扣。最初主要用在礼服上，常服很少使用，明末时才有所普及。

明代武官一品麒麟补子图样

 3. 军服

明朝建立之初就重视发展军工生产，提高火器和铠甲制造的水平，不断加强国防力量。

明代军戎大体与宋、元时期相同。盔、甲、护臂等全副武装，只是质地上大多采用钢铁，技术十分先进，因此比较前一代又进一步，种类繁多。

历史记载，明式军衣上衣是直领对襟式，也有圆领形式。制作比较精致，以衣身长短和甲片形制取名，如鱼鳞甲、圆领甲、长身甲、齐腰甲等。头盔的名目繁多，大体分为三种类型：便帽式小盔、可插羽翎较高的钵体式和尖顶形。明代兵士着罩甲，这种形制在明初时只限骑兵服用，是一种对称的"号衣"，头上包扎五色布扎巾。

明代军士服饰中还有一种胖袄，其制："长齐膝，窄袖，内实以棉花"，颜色为红，所以又称"红胖袄"。骑士多穿对襟，以便乘马。作战用兜鍪，多用铜铁制造，很少用皮革。将官所穿铠甲，也以铜铁为之，甲片的形状，多为"山"字纹，制作精密，穿着轻便。兵士则穿锁字甲，在腰部以下，还配有铁网裙和网裤，足穿铁网靴。

明代军人在穿戎服时，既可戴盔甲，又可戴巾、帽、冠。帽为红笠军帽。冠有忠静冠、小冠等。

明代的下级军人一般只能穿履，而不能穿靴。

4. 丧服

自周代确立了严格的丧服制度以来，中国的丧服制度一直未出现大的变化。按照古礼，子为父服斩衰三年。父在，为母服齐衰杖期；父卒，为母服齐衰三年。唐高宗上元元年（674年），武后请父在为母终三年服，但并未实行；直到武则天称帝后的垂拱年间才付诸实施。玄宗开元七年（719年）经群臣集议，恢复旧制。二十年改修五礼，又依上元敕为母齐衰三年。宋、元沿用此制。明太祖朱元璋称帝以后，觉得父母对子女的恩情相同，而子女为父母服丧的差别如此之大，过于不近人情，故于洪武七年（1374年）决定，子与未嫁女为父母同服斩衰三年。媳为公婆、妻为夫、承重孙（父亲死后，代替父亲为祖父母尽孝的嫡长孙）为祖母也服斩衰三年。此后一直到清末均沿袭此制。

第六章

清代的服饰

　　清朝是以满族统治者为主的政权机构，满族旗人的风俗习惯影响着中原地区。清代纺织技术精良，几千年来世代相传的传统服制度，由于满族贵族的"剃发易服""十从十不从""留头不留发"政策以及大量的屠杀汉民，造成了中国传统的衣冠的消亡。这种屠杀式的变革，是中国传统服制的又一次变态式的发展，是历史上"胡服骑射""开放唐装"之后的第三次明显的突变。

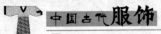

第一节
清代纺织工艺的发展

　　明、清时期的丝、麻、棉、毛的纺织、印染和刺绣等，直接关系到整个民族的衣着，有着广泛的群众基础，民间织绣遍地开花。在这一雄厚基础上建立起来的织、染、绣等行业，有着蓬勃的生命力。其生产中心已经转移到江南地区，最集中的为江宁（今南京市）、苏州和杭州等地。元、明、清三朝都在江宁、苏州和杭州三处设立设办的、专门督办宫廷御用和官用各类纺织品的织造局。

　　清朝初年，明代织造局久经停废。清顺治二年（1645 年）恢复江宁织造局；四年又重建杭州和苏州织造局。八年，又确立了"买丝招匠"制的经营体制，并成为清代江南三织造局的定制。管理各地织造衙门政务的内务府官员，通称织造。《红楼梦》作者曹雪芹的祖父曹寅，就曾任江宁织造 20 年之久。

　　相对于隶属官府的织造局，民间纺织厂叫作机房，"机户出资，机工出力"，是明清两代重要的资本主义萌芽形式。

 织锦

　　在古代丝织物中，锦是代表最高技术水平的织物。"锦"字，是"金"字和"帛"字的组合，《释名·采帛》说："锦，金也。作之用功重，其价如金。故唯尊者得服。"这是说，锦是豪华贵重的丝帛，在古代只有达官贵人才能穿得起。清代苏州、江宁多生产重经或重纬的彩色提花丝织锦。清代织锦，花纹更加繁缛精美，配色越趋富丽隽雅，退晕更迭、变化无穷，显得愈加辉艳而又和谐。浙江以素织为著，苏州以妆花见长。妆花系采用"挖花"工艺，可随时换色，多达 20 余种。苏州织锦，图案多仿宋代锦纹，格调秀丽古雅，亦称宋锦。江宁织锦，质地厚重，以金丝勾边，彩色富丽，气势阔绰，采用由浅至深的退晕配色方法，犹如绚丽的云霞，故有云锦之誉。

　　苏州织锦织工精细，更因花色具有宋代典雅的遗风而得"宋锦"之名。清康熙年间，有人从江苏泰兴季氏家购得宋代《淳化阁帖》十帙，揭取其上原裱宋代织锦 22 种，转售苏州机户摹取花样，并改进其工艺进行生产，苏州宋锦之名由是益盛。此时苏州宋锦用双经轴将地经与特经（纹经）分开，以地经织经面斜纹或平纹的地组织。特经每隔二、三、六根地经牵入一根，在花部与纹纬平织或织成纬斜纹，无花处织入背面，用以固结浮纬。纬丝由长织梭与分段换色的短跑梭配合，从而达到色彩丰富的效果。苏州宋锦根据工艺的粗精、用料的优劣、织物的厚薄及使用性能，又分为重锦、细色锦、匣

清代御用云锦

锦 3 种。

重锦是明清宋锦中最贵重的品种。选用优质熟色丝、捻金线、片金线，在三枚斜纹的地组织上，由特经与纹纬交织成三枚纬斜纹花。花纹一般用很多把各色长织梭来织，在某些局部用短跑梭配合。例如北京故宫博物院保存的清康熙"云地宝相莲花重锦"，地经和特经是月白色的，长织纹纬用墨绿、浅草绿、湖蓝、玉色（带有蛋青色的白）、宝蓝、月白（极浅的浅蓝）、沉香（发黄的棕色）、黄色、雪青（浅青莲色）、棕黄、粉红、浅粉、白色、捻金线等 14 把长织梭与 1 把大红色特跑梭（每隔一段距离才织的）来织制，色彩绚烂壮观，这种重锦是宫廷制作铺垫及陈设的用料。

南京云锦是至善至臻的民族传统工艺美术珍品之一，是南京传统的提花丝织工艺品，是南京工艺"三宝"之首。明末清初的诗人吴梅村有一句诗就是用来描写南京云锦的："江南好，机杼夺天工，孔雀妆花云锦烂，冰蚕吐凤雾绡空，新样小团龙。"

清代云锦品种繁多，图案庄重，色彩绚丽，代表了历史上南京云锦织造工艺的最高成就。清代云锦配色多达十八种，运用"色晕"层层推出主花，富丽典雅、质地坚实、花纹浑厚优美、色彩浓艳庄重，大量使用金线，形成金碧辉煌的独特风格。由于用料考究，织工精细，图案色彩典雅富丽，宛如天上彩云般的瑰丽，故称"云锦"。现代只有南京生产，常称为"南京云锦"。至今已有 1580 年历史。南京云锦与成都的蜀锦、苏州的宋锦、广西的壮锦并称"中国四大名锦"。

 缂丝

历经宋元明时期的不断发展，到清代乾隆时期，随着社会的稳定和经济的日趋繁盛，缂丝实用品和欣赏品大量生产，且广泛应用于制作御制诗文书画、御用服装、宫廷陈设及佛像梵经等，盛极一时。这一时期缂丝艺术的领域进一步扩大，题材广泛，缂工精美，登上了第二个高峰。

清代的缂丝中心仍在苏州和南京，但规模较明代进一步扩大。清廷内务府黄册记载，苏州每年都要办解缂丝产品若干批，每批少者三五件，多者一二百件，这些缂丝产品除有大量袍褂、官服、补子、屏风、挂屏、围幔、桌围、椅披、坐褥、靠垫、迎手、荷包、香袋、扇套和包首等实用品外，还有大量以书画、诗文和佛像等为内容的欣赏品。缂丝成品上交织造局作为贡品，解往京城供皇帝及官用。生产规模的扩大，使清代缂丝现存数量较历代丰富得多。

清代缂丝成品正反两面如一，与苏绣双面绣有异曲同工之妙。与刺绣、玉雕和象牙雕、景泰蓝并称为中国四大特种工艺品，并与云锦合称为中国两大珍品手工丝织物。古有"织中之圣"和"一寸缂丝一寸金"的美誉。由于经得起历史的考验，又被称为"千年不坏艺术织品"。

乾隆时期的缂丝题材丰富，用丝细匀，缂织紧密整齐，精巧牢固，画面多以繁缛绮丽取胜，多为精品。这时期除沿用传统的平缂、搭梭、掼、构、木梳戗、长短戗、凤尾戗和子母经等缂织技法外，还创造了双面缂（又称透缂）技法，即缂丝的正反两面花纹完全一致，均清楚平整，精细规矩，不露线头和线结。这一缂丝技法可较多地用于制作双面屏风、隔扇、宫灯和扇面等，提高了作品的装饰效果和实用价值。有的朝袍和龙袍也用双面缂织制，使衣装的表里两面花纹效果完全一样，可以突出地显出双面透缂技巧。

乾隆时期缂丝在色线的运用上，能熟练地运用两种不同色相或不同明暗度的色丝合捻而成的合色线，用以表现物象的色彩肌理及明暗变化。例如用纯绿色的合股丝缂织花叶的阳面，用深绿与黄绿的合色线缂织阴面，使叶子呈现出明暗变化。又如鸟禽羽毛用白色和灰色合捻的线缂织，表现出绒毛的细腻柔和感，增强了物象栩栩如生的真实效果。

缂丝的配色上开始流行同一种色由深到浅渐进推移的"三蓝缂法"、"水墨缂法"和"三色金缂法"等技法。"三蓝缂法"是在浅色地上，用深蓝、品蓝、月白三种色相相同、色调不同的丝线作退晕处理，用戗缂技法缂织成各种花纹图案，鲜耀明丽，较明代缂丝的素雅沉稳，别具风格。"水墨缂法"是在浅色地上用黑色、深灰、浅灰三晕色戗缂法织制花纹，以白或金勾边，具有素雅庄重的艺术效果。"三色金缂法"，是在深色地上用赤圆金、淡圆金和银色三种捻金银线缂织，使缂丝作品有花纹闪亮的效果。如金龙，用赤圆金线和银线缂织龙鳞，用淡圆金线绞边，或缂织爪尖和尾梢等部位，使龙纹光亮耀目，异常突显。此外，"三蓝缂法"和"水墨缂法"也有的加金线勾边。

缂丝艺术自南宋以来，仿摹名人绘画的缂丝作品，也有在某些图像精微处毛笔补彩的做法，但加绘的部分在整个作品中所占比重很少。到乾隆时，较多地出现了"缂绣混合法"工艺，即同一件作品综合运用了缂丝、刺绣和

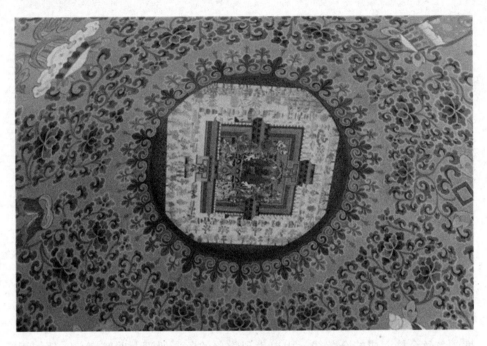

古代刺绣图案

彩绘三种不同的技法，缂、绣、绘合璧，是乾隆时缂丝作品非常流行的一种
形式，它在一定程度上加强了织物的装饰效果，丰富和提高了缂丝艺术的表
现力。如故宫博物院藏乾隆四十六年（1871 年）的缂丝加绣《九羊消寒图》
轴就是运用这种"缂绣混色法"。画面的背景和陪衬的花纹，如天空、地面、
山石、流云、水池等，是以平缂、结缂、搭梭、掼等技法缂织，人物及主体
纹样，如童子的面部、衣服及羊只、花草等用套针、戗针、打籽、网针、钉
线、擞和针、辑线绣等多种刺绣针法绣制，而梅树、茶树和桦树的树干等局
部则是在缂丝和刺绣的地上，再用画笔敷彩加染而成。图轴的每一部位，都
能根据物象形态，灵活地变换使用缂、绣或画的不同技法。

正所谓"物极必反"。随着缂丝中着笔的过多以致滥用，也成了缂丝织制
中偷工取巧者常用的伎俩，甚至仅仅在物象的花纹轮廓处加以缂织，余皆以
笔绘染。这种状况在乾隆以后尤为突出，这无疑大大削弱了缂丝艺术独具的
特色，断送了它的艺术生命。随着清王朝国势的没落，缂丝粗制滥造之作充
斥于市，即便宫廷之物也罕有精品，一度辉煌的清代缂丝艺术呈现江河日下

之势了。时至晚清，随着国势衰弱，中国近代战乱不断，缂丝工业甚至出现了濒临绝种的状态。

刺绣及其他

　　明清刺绣业迅速发展，形成不同地方特色，出现了顾绣、苏绣、湘绣、粤绣、蜀绣、京绣。顾绣始于明嘉靖年间的上海顾名世家，故名，顾绣以绣绘结合著称，所织物品深得当时名流董其昌等许多书画家的赏识和推崇，以唯一的文人绣派闻名当时并影响后世。苏绣以针脚细密，色彩典雅为特点，

早期顾绣作品——《文姬归汉》

其工艺讲究平齐细密，匀顺和光，图案多采用分面推晕的方法，具有浓郁的装饰性。湘绣于清代后期形成独立系统，作风写实，以猛兽为题的作品最具特色，其针法多用施针，同时间以双印、四印、齐、柔等一系列针法，所绣物象富有真实感。粤绣以百鸟、鸡等为题，花纹繁缛，色彩浓艳，具有独特的效果。蜀绣以成都为中心，以用线工整厚重，设色明快，而受到人们的喜爱。京绣以皇室绣作为中心，以皇家为服务对象，绣品精巧富丽。另外，像北京洒线绣及山东、河北的衣线绣等也颇具地方风采。

印染业在清代已遍及全国城镇，工艺发达，色彩丰富，主要有染经绸、夹缬、蜡染、蓝白印花布、油彩印花布、滚筒印花布、浇花布等品种。毛质毡毯以蒙、藏、维吾尔等少数民族地区最为盛行，均富有本民族特色。苏州则以擅纺织洋毯著称。

少数民族的纺织、印染、刺绣、编织等大都由妇女完成，因多数是自己使用，故随心所欲，不拘一格。壮族的壮锦，维吾尔族的回回锦、和阗绸、金银线地毯，藏族氆氇，苗族蜡染，黎、哈萨克等族的刺绣都是各民族手工艺的瑰宝。

第二节
清代服饰的发展

　　清朝是我国服装史上改变最大的一个时代。服装文化上的满汉交融是这一时代的突出特征。满族建立的清朝，也是入主中原后，保留原有服装传统最多的非汉族王朝。满族八旗服饰随朝代的变更进入关内，满族的风俗习惯也影响了广大的中原地区。

　　清代服制改变，从公服开始逐渐推向常服。满人入关之初，汉人反满情绪高涨，以各种形式发泄反清情绪，抵御外族的入侵。因此，清初的统治者把是否接受满族服饰看成是否接受其统治的标志，以暴力手段强令推行"剃发易服"，按满族习俗要求全国男子更装；女子的更装是逐步实现的。

顺治元年十月也曾有令，命文官衣冠按明代服制，民装无规定。但到了顺治二年六月即规定全国男子剃发，留辫垂于脑后，限旬日（十天之内）内一律遵行，违者杀而无赦。有许多男子不愿剃发，甚至不惜改扮女装。由于拒绝剃发而迫死的不计其数，而被逼无奈改扮女装的也为数不少。顺治四年十一月确定官民服饰之制，但只限服色和使用材料，所服之式样仍无明确规定。顺治九年，钦定《服色肩舆条例》颁行，从此彻底废除了浓厚汉民族色彩的冠冕衣裳，要求男子穿瘦削的马蹄袖箭衣、紧袜、深统靴。但官民服饰依律泾渭分明。

乾隆帝亦属好大喜功、浮慕好名之君。他认为，只有承袭一套蕴涵在衣冠制度中的政治理论，而不必是外观形式，方能传国长久。为此，乾隆帝亲自制定了清朝皇室贵胄和各级官员详细的冠服制度，并图示说明，以后子孙

清朝入主中原初期的摄政王多尔衮，当时清朝政府强制"变服、易发"政策多由其主持实施

也能"永守勿愆"。这一时期，居住在城市和人口稠密地区的平民普遍服用旗装，但闭塞地方的平民仍然不服用马褂，也不戴红缨帽。即使一些留有发辫的男人，也将辫盘绕在头顶，再加戴一顶毡帽，外观上很难辨认出来。特别是清初时留辫很短小，就更不好分辨。

当时女子改装阻力更大。明装非但难以废除，反而大大吸引了满人，不少旗人还特意模仿汉装。尽管乾隆时期宫中一再降旨，禁止满人缠足，但异族女装的吸引力，使得不少满人违抗旨令的现象时有发生。

客观上来说，清代服制的变化，是由外力强制促使而产生的民族意识层面上的改革与变化。从衣着特点和后世传播的持久性来看，它确实是一

种成功有效的手段。但是这种所谓的"成功"却是以民族压迫与屠杀的方式去实现的。有压迫就有反抗。直至清末太平天国和辛亥革命时期，人们依旧使用"蓄发"、"剪辫子"以及"异服"等手段以宣示自己区别于清朝。

最终，旗装以其用料节省，制作简便和服用方便，取代了古代的衣裙，这是后人易于接受的主要原因。时至今日，它已对国内外产生了"一代优美服饰"的影响。

 ## 清代冠服制度

清代官服制度，反映了清代社会政治制度的特点。清统治者是以骑射武力征服中原，要维持其少数统治多数的格局，巩固政权，就不能忘记根本。反映在服饰的典章制度中也是以"勿忘祖制"为戒。清太宗皇太极崇德二年（1628 年），就曾谕告诸王、贝勒："我国家以骑射为业，今若轻循汉人之俗，不亲弓矢，则武备何由而习乎？射猎者，演武之法；服制者，立国之经。嗣后凡出师、田猎，许服便服，其余悉令遵照国初定制，仍服朝衣。并欲使后世子孙勿轻变弃祖制。"（《清史稿·舆服志》）作为载入史册的清代官服定制，是乾隆皇帝所定，距清定都北京已近百年。直至清末，官服制度再无大的变动。这是一套极为详备、具体的规章，不许僭越违制，只准"依制着装"。上自皇帝、后妃，下至文武官员以及进士、举人等，均得按品级服用。

1. 冠帽

清代帝王、皇族及各级官员外出都要戴帽，这体现了满族的习俗。清代官员戴的帽子有礼帽、便帽之别。礼帽即朝冠，俗称"大帽子"，根据

清乾隆帝朝冠朝服像

不同场合，变化繁多。有用于祭祀庆典的朝冠、常朝礼见的吉服冠、燕居时常服冠、出行时行冠、雨时雨冠等。每种冠制都分冬夏两种，冬天所戴之冠称暖帽，夏天所戴叫凉帽。暖帽一般是用毛皮、缎子或呢绒、毡子做成的圆形帽，四周卷起约二寸宽的帽檐，依天气冷暖分别镶以毛皮或呢绒。凉帽形如圆锥，无檐，俗称喇叭式。一般用竹、藤丝编织，有的还要挂上绫罗等高档面料，多用白色，也有用湖色、黄色等。

　　皇帝朝冠分冬夏二式。冬天的暖帽用熏貂、黑狐。暖帽为圆形，帽顶穹起，帽檐反折向上，帽上缀红色帽纬，顶有三层，用四条金龙相承，饰有东珠、珍珠等。凉帽为玉草或藤竹丝编制而成，外裹黄色或白色绫罗，形如斗笠，帽前缀金佛，帽后缀舍林，也缀有红色帽纬，饰有东珠，帽顶与暖帽相同。皇子、亲王、镇国公等的朝冠，形制与皇帝的大体相似，仅帽顶层数及东珠等饰物数目依品级递减而已。皇帝的吉服冠，冬天用海龙、熏貂、紫貂，依不同时间戴用。帽上亦缀红色帽缨，帽顶是满花金座，上衔一颗大珍珠。夏天的凉帽仍用玉草或藤竹丝编制，红纱绸里，石青片金缘，帽顶同于冬天的吉服冠。常服冠的不同处是帽为红绒结顶，俗称算盘结，不加梁，其余同于吉服冠。行冠，冬季用黑狐或黑羊皮、青绒，其余如常服冠。夏天以织藤竹丝为帽，红纱里缘。上缀朱牦。帽顶及梁都是黄色，前面缀有一颗珍珠。

清代官帽
左：三品暖帽，插双眼花翎。右：五品凉帽，插单眼花翎

文武官员官帽品级的区别，一是在于冬朝冠上所用毛皮的质料不同：以貂鼠为贵，其次为海獭，再次为狐，以下则无皮不可用；而更主要的是帽子顶端最高部分镂花金座上的顶珠，以及顶珠下的翎枝不同。这就是清代官员显示身份地位的"顶戴花翎"。顶珠的质料、颜色依官员品级而不同。一品用红宝石，二品用珊瑚，三品用蓝宝石，四品用青金石，五品用水晶石，六品用砗磲，七品用素金，八品镂花荫纹，金顶无饰，九品镂花阳纹，金顶。雍正八年（1730年），更定官员冠顶制度，以颜色相同的玻璃代替了宝石。至乾隆以后，这些冠顶的顶珠，基本上都用透明或不透明的玻璃，称作亮顶、涅顶的来代替了。如称一品为亮红顶，二品为涅红顶，三品为亮蓝顶，四品为涅蓝顶，五品为亮白顶，六品为涅白顶。至于七品的素金顶，也被黄铜所顶替。至于一般的军士、差役以及下级军政人员都戴似斗笠而小的纬帽。

顶珠之下，有一枝两寸长短的翎管，用玉、翠或珐琅、花瓷制成，用以安插翎枝。翎有蓝翎、花翎之别。蓝翎是鹖羽制成，蓝色，羽长而无眼，花翎等级为低。花翎是带有"目晕（即羽毛上的圆斑）"的孔雀翎。"目晕"俗称为"眼"，在翎的尾端，有单眼、双眼、三眼之分，以翎眼多者为贵。顺治十八年（1661年）曾对花翎作出规定，即亲王、郡王、贝勒以及宗室等一律不许戴花翎，贝子以下可以戴。以后制定：贝子戴三眼花翎；国公、和硕额驸戴双眼花翎；内大臣，一、二、三、四等侍卫、前锋、护军各统领等均戴一眼花翎。

清初，花翎极为贵重，唯有功勋及蒙特恩的人方得赏戴。康熙时，福建提督施琅以平定台湾功第一，诏封靖海侯，世袭不变。而施琅却上疏辞却侯爵，恳请依内大臣之例赐戴花翎。经部议，在外将军、提督没有给翎先例。最后，还是由康熙帝特别降旨赐戴。以世袭侯爵换取一翎，足见当时花翎之贵重。而"顶戴花翎"也就成为清代官员显赫的标志。到清中叶以后，花翎逐渐贬值。道光、咸丰后，国家财政匮乏，为开辟财源，公开卖官鬻爵，只要捐者肯于出钱，就可以捐到一定品级的官衔，穿着相当的官服，荣耀门庭，欺压地方。清代小说《红楼梦》写秦可卿死后，贾珍因贾蓉不过是个"黉门监生"，写在灵幡上不大好看，就用1000两银子为贾蓉捐了个五品职衔的龙禁尉，使葬礼风光了许多（《红楼梦》第十三回）。这实际上就是此时官场黑暗的真实写照。清初极为难得的翎枝，此时也明码标价出售。开始是广东洋商（专营对外贸易的商人）伍崇耀、潘仕成捐输十数万金，朝廷无可嘉奖，遂赏戴花翎。以后，海疆军兴，捐翎之风更盛，花翎实银一万两，蓝翎 5000 两。以后又按照捐官之项折扣，数目很少，捐者遂多。咸丰九年（1859 年）时，条奏捐翎改为实银，不准折扣，花翎 7000 两，蓝翎 4000 两。此时的顶戴花翎其实已变了味道。但其象征荣誉的作用依然存在。直至晚清，李鸿章因办洋务有功，慈禧赏他戴三眼花翎。

妇女中的等级最高者自然是皇后、皇太后，以下还有亲王、郡王福晋（满语"妻子"，可译为"夫人"），贝勒及镇国公、辅国公夫人，公主、郡主等皇族贵妇，以及品官夫人等的冠饰也都有所不同。

皇太后、皇后朝冠，极其富丽。冬用熏貂，夏用青绒，上缀红色帽纬，顶有三层，各贯一颗东珠，各以一只金凤相承接；冠周缀七只金凤，各饰九个东珠，一个猫睛石，21 颗珍珠。冠后饰一只金翟，翟尾垂五行珍珠 302 颗。中间一个金衔青金石结，末缀珊瑚。冠后护领垂二条明黄色条带，末端缀宝石。皇后以下的皇族妇女及命妇的冠饰，依次递减。嫔朝冠承以金翟，以青缎为带。皇子福晋以下将金凤改为金孔雀，也以数目多少及不同质量的珠宝区分等级。

清代贵族妇女的冠饰还包括金约、耳环之类的饰物。金约是用来束发的，戴在冠下，这也是清代贵族妇女特有的冠饰。金约是一个镂金圆箍，上面装饰云纹，并镶有东珠、珍珠、珊瑚、绿松石等。皇太后和皇后的金约，上缀青金石、绿松石、珍珠、珊珊等为垂褂物。

耳饰，按清制规定："左右各三，每具金龙衔一等东珠各二。"皇太后和皇后的耳饰为金龙衔一等珠，左右各三；贵妃和宫中贵人佩戴三副耳坠。原来满族妇女的传统习俗是一耳戴三钳，与汉族妇女的一耳一坠不同。满族女子小时即需在耳垂上扎三个小孔，戴三只耳环，一个小小的耳垂负担三只耳环，其苦可知。皇太后、皇后耳饰的重负，无异于一种刑罚。但满族统治者却乐此不疲，一再强调，不许更改。乾隆皇帝甚至特为此事下过诏谕："旗妇一耳戴三钳，原系满洲旧风，断不可改饰。朕选看包衣佐领之秀女，皆带一坠子，并相沿至于一耳一钳，则竟非满洲矣，立行禁止。"以至于到民国时期，满洲妇女中仍有沿此陋习的。

 2. 袍服

清代皇帝服饰有朝服、吉服、常服、行服等。

清代龙袍

皇帝朝服也分为冬夏二式。冬夏朝服的区别主要在衣服的边缘,春夏用缎,秋冬用珍贵皮毛为缘饰。朝服的颜色以黄色为主,尤以明黄为贵,只有在祭祀天时用蓝色,朝日时用红色,夕月时用白色。朝服的纹样主要为龙纹及十二章纹样。一般在正前、背后及两臂绣正龙各一条;腰帷绣行龙五条襞积(折裥处)前后各绣团龙九条;裳绣正龙两条、行龙四条;披肩绣行龙两条;袖端绣正龙各一条。十二章纹样中的日、月、星辰、山、龙、华虫、黼、黻八章在衣上;其余四种藻、火、宗彝、粉米在裳上,并配用五色云纹。

一般所谓皇帝的"龙袍"属于吉服范畴,比朝服略次一等,多为平时穿着。穿龙袍时,必须戴吉服冠,束吉服带及挂朝珠。龙袍以明黄色为主,也可用金黄、杏黄等色。古时称帝王之位,为九五之尊。九、五两数,通常象征着高贵,在皇室建筑、生活器具等方面都有所反映。清朝皇帝的龙袍,据文献记载,也绣有九条五爪龙。从实物来看,前后只有八条龙,与文字记载不符，缺一条龙。有人认为还有一条龙是皇帝本身。其实这条龙客观存在着，只是被绣在衣襟里面，一般不易看到。这样一来，每件龙袍实际即为九龙，而从正面或背面单独看时，所看见的都是五龙，与九五之数正好相吻合。另外，龙袍的下摆，斜向排列着许多弯曲的线条，名谓水脚。水脚之上，还有许多波浪翻滚的水浪，水浪之上，又立有山石宝物，俗称"海水江涯"，它除了表示绵延不断的吉祥含义之外，还有"一统山河"和"万世升平"的寓意。

蟒袍，也叫"花衣"。蟒与龙形近，但蟒衣上的蟒比龙少一爪，为四爪龙形。蟒袍是官员的礼服袍。皇子、亲王等亲贵，以及一品至七品官员俱有蟒袍，以服色及蟒的多少分别等差。如皇子蟒袍为金黄色，亲王等为蓝色或石青色，皆绣九蟒。一品至七品官按品级绣八至五蟒，都不得用金黄色。八品以下无蟒。凡官员参加三大节、出师、告捷等大礼必须穿蟒袍。

清朝补服是清代主要的一种官服，也叫"补服"，其长度比袍短，比褂长，穿着的场所和时间也较多。凡补服都为石青色。

圆形补子为皇族亲贵所用，有以下几种样式：皇子绣五爪正面金龙四团，前后两肩各一团，间以五彩云纹；亲王绣五爪龙四团，前后为正龙，两肩为行龙；郡王绣有行龙四团（前后两肩各一）；贝勒绣四爪正蟒二团（前后各一）；贝子绣五爪行蟒二团（前后各一）。

方形补子为各级官员所用，是区分官职与品级的主要标志。文官：一品绣鹤；二品绣锦鸡；三品绣孔雀；四品绣雁；五品绣白鹇；六品绣鹭鸶；七品绣鸡；八品绣鹌鹑；九品及未入流的绣练鹊。武官：一品绣麒麟；二品绣狮子；三品绣豹；四品绣虎；五品绣熊；六七品绣彪；八品绣犀牛；九品绣海马。

四五品以上官员还项挂朝珠，用各种贵重珠宝、香木制成。朝珠无疑是源于佛教的数珠，它构成清代官服的又一特点。朝珠由一百零八颗圆珠串成，上面还附有三串小珠，用细条贯串，挂在颈项间垂于胸前。

清代亲王团龙补服图样

晚清庆亲王爱新觉罗·奕劻朝服照

清代女子服装，有公服、礼服和常服。公服是自皇后至七品命妇规定的服制；礼服在民间指的是吉服或丧服。婚丧嫁娶及寿日的衣服，宫廷中是按命妇的品级规定的；常服形式多，变化服用也自由得多。

宫廷中上至皇太后，下至皇贵妃，其朝服朝褂的具体规定和配套的各种珠宝饰物在《大清会典》图卷中和《大清通礼》卷中都有记载，皇后、皇太后，亲王、郡王福晋，贝勒及镇国公、辅国公夫人，公主、郡主等皇族贵妇，以及品官夫人等命妇的冠服，与男服大体类似。

皇太后、皇后和皇贵妃的朝服由朝冠、朝袍、朝褂、朝裙及朝珠等组成。

朝服以明黄色缎子制成，披领和袖均用石青，肩的上下均加缘。朝服也分冬夏两类，区别在于冬朝服要加貂缘。朝服的基本款式是由披领、护肩与服身组成。朝服上面绣有金龙、行龙、正龙以及八宝平水等图案绣文。皇太后和皇后的领约，以缕金铸之，以珍珠、绿松石、珊瑚为饰。披领也绣龙纹。

皇太后、皇后、皇贵妃、贵妃、妃和嫔的冬朝裙，用片金加海龙缘，红织金寿字缎和石青行龙庄缎；夏朝裙用缎纱，图案与冬裙相同。

朝褂是穿在朝袍之外的服饰，其样式为对襟、无领、无袖，形似背心。皇太后、皇后、皇贵妃的朝褂，用石青色片金缘，以立龙、正龙和万福万寿为绣衣图案。领后垂明黄绦，饰以珠宝；也有以正龙、行龙或立龙和八宝平水为图案绣文。

皇太后和皇后着朝服时胸前挂有三盘朝珠，均为珍珠和珊瑚等高档饰物制成；皇贵妃、贵妃和妃的朝珠，是用密珀为饰。这种朝珠共计一百零八颗，分四部分，以三颗大珠间隔，每个部分二十七颗。皇太后、皇后和皇贵妃配有绿色彩，绦用明黄色，绣文为五谷丰登。

皇后常服样式，与满族贵妇服饰基本相似，圆领、大襟，衣领、衣袖及衣襟边缘，都饰有宽花边，只是图案有所不同。

皇子福晋的吉服褂色用石青有绣文；皇子福晋蟒袍用香色，通绣九蟒五爪；文武官一品至九品的夫人所着补服随夫品级，补子的形制为方，清末品官的命妇有用圆形补底。各种品级命妇补子的图案，均以绣蟒为装饰。这一点与明代有些不同，明代命妇大衫不绣蟒，而只绣雉（翟）、孔雀、鸳鸯和练鹊。无品级的夫人用天青色大褂，不用补子，红裙，衣袖口边镶绣可随意。而姜只能用粉红色和淡蓝色。清代命妇的凤冠（又名"珠冠"，因冠上以珠为主要装饰），霞帔、蟒袄没有规定。

末代皇后婉容大婚朝服照

清代还有一种黄马褂，属于皇帝的最高赏赐，是较受荣宠者的服装，有四种人才可以享用：

一是皇帝出巡时，所有扈从大臣，如御前大臣、内大臣、内廷王大臣、侍卫、仆长等皇帝的心腹之人，并可在帽顶后端插戴孔雀翎。这种黄马褂没有花纹，是取淡黄色（即明黄色；只有正黄旗官员为区别原有旗装用金黄色）纱或绸缎原料制作，又叫"职任褂子"，卸职之后便不可继续穿用。

二是竞技场上比武的优胜者，每年"行围"时猎获珍贵禽兽较多的大臣可以享用，称为"行围褂子"。服用这种黄马褂时文官用黑色纽袢，武将用黄色纽袢。奖励仪式结束后即需脱下。

三是勋臣及作战有功的高级武将和统兵的文官所获的赏赐，称为"武功褂子"。这种"黄马褂"最受朝廷重视，被赏赐者也视此为极大的荣耀。赏赐黄马褂也有"赏给黄马褂"与"赏穿黄马褂"之分。"赏给"是只限于赏赐的一件，"赏穿"则可按时自做服用，不限于赏赐的一件。如乾隆时，段秀林

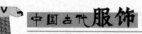

清代乾隆皇后明黄缎绣五彩云金龙朝褂。前后身各绣大立龙各两条相向戏珠；下幅为八宝寿山江涯立水，立龙之间彩云相间。

为古北口提督。一次随驾扈从热河，乾隆帝召见时，见他须发皆白，便问他尚能骑射否？段秀林答："骑射乃武臣之职也，年虽老，尚能跨鞍弯弧，为将士先。"乾隆帝遂在宫门前悬鹄一只，令段试射。段秀林一箭中鹄，乾隆大喜。为奖励其武功，便赏穿黄马褂。到清代中、晚期，得此荣耀者为数较多，僧格林沁、左宗棠、李鸿章等均蒙恩赏穿。这些人还要被载入史册。只有这种御赐的马褂才可以随时穿着。

最后是朝廷特使，宣慰中外的官员可以被特赐，赏赐时必骑马绕紫禁城一圈，这种仪式在咸丰年间尤为盛行。

清代日常服饰

清代的日常用衣规定严格，并受法律限制。当然由于它不受品级约束，

李鸿章访欧时着黄马褂画像（1896年法国报纸）

因此相比之下服式种类较多，服用也随意得多。只是对奴仆、优伶、皂隶限制不得使用丝、绢、纱、绫、缎、紬和罗等档次较高的原料制衣，也不得使用细皮、细毛和石青色原料制衣，不得随便使用珠、翠、金、银、宝石等贵重的装饰品，只能使用葛布、梭布、毛褐、茧紬、貉皮和羊皮等较粗质地的低级原料。在当时如出现"时式装"，则首先在贵族中间服用。在帝制统治之下，人们的衣装不轻易改变，至于"奇装异服"就更不允许存在了。

满人入关后，逐渐开始在衣服的领边和襟边普遍使用纽扣，纽扣成为制衣的必备之物。民间用纽扣是受八旗兵的甲衣影响，同时也受到国外商品输入的影响。明代以前衣领大多是交领、对领和圆领，自清代旗装用纽扣以后，衣领的形状开始发生明显的变化。出现了清代以前从未有过的立领、襟边不外露，内衫也与前不同，大镶大滚的工艺边饰更是不一般，因而对裁剪缝纫

清代皇帝、官员与太监服饰

技术也有了更高的要求。

 1. 男装

清代的便帽，最常见的是瓜皮帽。所谓瓜皮帽，由六瓣缝合而成，上尖下宽，呈瓜棱形，圆顶，顶部有一红丝线或黑丝线编的结子。为区别前后，帽檐正中钉有一块明显的标志，叫作"帽正"。贵族富绅的帽正多用珍珠、翡翠、猫儿眼等名贵珠玉宝石做成，一般人就只能用银片、料器之类了。八旗子弟为凸显自己的身份，有的在帽顶的结上挂一缕一尺多长的红丝绳穗子，叫作"红缦"。到咸丰初年，"帽正"已为一般人所不取，为图方便，帽顶又作尖形。帽为软胎，可折叠放于怀中。

一般市贩、农民所戴的毡帽，也沿袭前代式样。冬天人们多戴风帽，又称"观音兜"，因与观音菩萨所戴相似而得名。

清代一般男服有袍、褂、袄、衫、裤等。主要品种为长袍马褂。

长袍，又称旗袍，原是满族衣着中最具代表性的服装，最初出现在入关之前。清兵入关后，全国军民在必须"剃发易服"的命令下，汉族也迅速改变了原来宽袍大袖的衣式，代之以这种长袍。旗袍于是成为全国统一的服式，成为男女老少一年四季的服装，而后沿用于整个清代。它可以做成单、夹、皮、棉，以适应不同的气候。除黄色、青色外，深红、浅绿、酱紫、深蓝、深灰等都可作常服。

满族男式旗袍的主要特点为立领、大襟、平袖、开衩。长袍造型简练，外轮廓呈长方形。马鞍形立领掩颊护面。衣服直上直下，前后衣身有接缝，不显腰身，衫不露外。偏襟右衽，以盘纽为饰。假袖二幅至三幅，袖口有装有箭袖，以便骑马射箭，因其袖似马蹄，故称"马蹄袖"。平常袖口翻起，行礼时放下盖手。马蹄袖是我国历代服饰不曾见过的。衣襟、衣摆以镶滚边作为装饰。下摆有两开衩（古时称"缺裤"），四开衩和无开衩几种类型，以开衩多为贵。皇室贵族为便于骑射，着四面开衩长袍，即衣前后中缝和左右两侧均有开衩的式样。官吏士庶则着左右两侧开衩。也有不开衩的，俗称"一裹圆"，为一般的市民服饰，官绅人家也常以它作为日常便服。在我国文学名著《红楼梦》第九十四回"宴海棠贾母赏花妖"一节中，记述了一段内容"那日宝玉本来穿着一裹圆的皮袄在家休息，忽听贾母要来，便去换了一件狐腋箭袖，罩了一件玄狐腿外褂。"这里说明"一裹圆"，是休闲衣服，不可登大雅之堂。所以贾母要来，宝玉必须换掉便装，改着正式穿戴。

清代男式旗袍造型完整严谨，呈封闭式盒状体，因此形象肃穆庄重，清高不凡，而独树一帜，突破了几千年来飘逸的塔形衣冠。时至今日，它对现代服装也有一定的影响。旗袍的样式随着社会的发展也在不断演变，总的趋势是更加符合人们实际生活的需要。到民国时期，这种长袍仍是一些正式场合的服装。

与长袍配套穿着的是坎肩或马褂。

马褂罩于长袍之外，原是骑马时常穿的一种外褂，因便于骑马，故称"马褂"，又名"得胜褂"。其式为圆领，前后有开衩，有扣襻，长仅及腰，袖仅掩肘，袖子宽大平直。

随着其在社会上的流行，马褂很快发展出单、夹、纱、皮、棉等质地，成为男式便衣，士庶都可穿着。之后更逐渐演变为一种礼仪性的服装，是清朝男子四种常服——礼服、常服、雨服和行服之一，行服即指马褂。有清一代，男子不论身份，都可以马褂套在长袍之外，显得文雅大方。

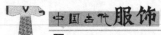
马褂一般采用石青、绀色、黑色等较素的颜色，习惯上不用亮纱原料。在乾隆年间，有翻毛皮马褂，为贵族服用。官职人员着褂在胸前背后缀有石青补子，叫"补褂"，官员用方补，亲王、郡王用圆补。补子的纹样与官员补服相同。

马褂的样式有琵琶襟、大襟、对襟三种，有长袖短袖之分，但无论长短马褂之袖都是宽肥的。琵琶襟马褂，因其右襟短缺，又叫缺襟马褂，又称"乌龙"，穿上它可以行动自如，常用作出行装。大襟马褂，则将衣襟开在右边，四周用异色作为缘边，以右大襟镶黑边为多，一般作常服使用，穿在袍服外面。对襟马褂，其服色在各个时期有多种变化：初沿天青色，至乾隆中期，又尚玫瑰紫，后又推崇深绛色（人称"福色"）；到了嘉庆年间，则流行泥金及浅灰色；清末流行深绛（赤、大红）；民国时期流行浅灰和浅驼颜色。大袖对襟马褂可代替外褂而作为礼服使用，颜色多用天青色或元青色，大小官员在谒客时常穿此服，因其身长袖窄，也称作"长袖马褂"。

坎肩、或叫马甲、背心，清代也很时兴。坎肩是由汉族的"半臂"演变

清代着各种常服男子的合照

而来，无领、无袖、对襟，穿脱方便，有的还套在长袍外面起装饰作用。清代坎肩在用料、做工上十分讲究，式样变化也多。"巴图鲁（满语'勇士'）"坎肩，比较特殊。其式样如南方的"一字马甲"，在一字形的前襟上装有排扣，两边腋下也有纽扣。当时在京师八旗子弟中甚为流行。后来在它两边的袴褶处加上袖子，称作"鹰膀"。

《红楼梦》第四十九回中写贾宝玉与众姐妹相约到芦雪庭观雪景，宝玉就"穿一件茄色哆啰呢狐狸皮袄，罩一件海龙小鹰膀褂子"。八旗子弟骑马时常穿这种"鹰膀褂子"以显威风。坎肩既有装饰作用，又有实用价值，至今仍是人们喜着的衣服。

清代服装的颜色比较丰富，民间除不准使用黄色、香色（介于黄、绿之间的颜色）外，朝廷限制不多。然而人们的喜好和社会的时尚，各时期不同。清初，流行蓝色，人们取其清淡、明快，于是天蓝、宝蓝等色受到人们喜爱，甚至影响到皇宫内院；乾隆中期，崇尚玫瑰紫，人们爱其"红火"，于是围绕红色的大红、真红、枣红、粉红等又成为男女老少服装首选的颜色；乾隆末年，福康安喜穿深绛色，人们争相仿效，称为"福色"。"福"既代表绛色，又蕴含福气，人们愿借"福"色衣获得幸福，故绛色又风靡一时；至嘉庆末期，又一反绛色的深暗而追求鲜亮洁净的浅灰、亮灰、银灰等色彩。

清代男子，特别是贵族衣服上的佩饰比较琐繁，一个金银牌上垂挂着数十件小东西，如耳挖子、镊子、牙签，还有一些古代兵器的小模型，如戟、枪之类，佩挂饰物在清代已经形成风尚。

清代男子着便服时穿鞋，着公服时穿靴。靴多用黑缎制作，尖头。清制规定，只有官员着朝服才许用方头靴。

 **2. 女服**

清代女装，汉、满族发展情况不一。汉族妇女在康熙、雍正时期还保留明代款式，时兴小袖衣和长裙；乾隆以后，衣服渐肥渐短，袖口日宽，再加云肩，花样翻新无可抵挡；到晚清时都市妇女已去裙着裤，衣上镶花边、滚牙子，一衣之贵大都花在这上面。满族妇女着"旗装"，梳旗髻（俗称两把头），穿"花盆底"旗鞋。至于后世流传的所谓旗袍，长期主要用于宫廷和王室。清代后期，旗袍也为汉族中的贵妇所仿用。清初满族妇女与男人的装扮相差不多，不同之处只是穿耳梳髻，未嫁女垂辫。满女不缠足不着裙，衣外

坎肩与衫齐平，长衫之内有小衣，相当于汉女的兜肚，衣外之衣又称"乌龙"。旗装在清代，除具有上述共同特点外，不同时期的组合特征仍比较鲜明。

清代妇女发饰分满汉二式。清朝初期还各自保留原有的形制，后来不断相互影响，都发生了明显的变化。

满族妇女的发式变化较多，孩童时期，与男孩相差无几。《红楼梦》第七十一回描述贾母八旬大寿时的排场，"邢夫人王夫人带领尤氏凤姐并族中几个媳妇，两溜雁翅，站在贾母身后侍立……台下一色十二个未留头的小丫头，都是小厮打扮，垂手侍候"。这未留头的小丫头就是男装打扮的女孩子。女孩成年后，方才蓄发绾小抓髻于额前，或梳一条辫子垂于脑后。已婚妇女多绾髻，有绾至头顶的大盘头，额前起髯的髯头，还有架子头。

"两把头"是满族妇女的典型发式。梳这种发髻者多为上层妇女。这种发式，使脖颈挺直，不得随意扭动，以此显得端庄稳重。一般满族妇女多梳如意头，即在头顶左右横梳两个平髻，似如意横于脑后。劳动妇女，只简单地将头发绾至顶心盘髻了事。以后受汉髻影响，有的将发髻梳成扁平状，俗称"一字头"。清末，这种发髻越增越高，有如牌楼，名"大拉翅"。

清末代摄政王载沣长女大格格
爱新觉罗·韫媖旗装照

汉族妇女的发髻首饰，清初大体沿用明代式样，以后变化逐渐增多。清中叶，汉族妇女模仿满族宫女发式，发饰品种繁多，尤以高髻为尚。将头发分为两把，俗称"叉子头"。又有的在脑后垂下一绺头发，修成两个尖角，名"燕尾式"。后来还流行过圆髻、平髻、如意髻等式样。此外，还有许多假髻，如什么蝴蝶、罗汉、双飞燕、八面观音，等等。清末，又有苏州厥、巴巴头、连环髻、麻花等式样。年轻女孩多梳蚌珠头，或左右空心如两翅样的发式，或只梳辫垂于脑后。以后梳辫渐渐普及，成为中青年妇女的主要发式。

北方妇女冬季头饰多用"昭君套"，是用貂皮制作覆于额上的。《红楼梦》第六回写刘姥姥见到"那凤姐家常带（戴）着紫貂昭君套，围着那攒珠勒子"，就是这种打扮。勒子是江南一带妇女时兴戴的，上缀珠翠，或绣花朵，套于额上掩及耳间。髻上饰物还有簪，用金、银、珠玉、翡翠等制作，有的做成凤形而下垂珠翠，有如古代的步摇。还有的做成各种花形，行走时轻微摇动，华丽而动人。

清代妇女服饰，有满、汉两种。清初，满族妇女以长袍为主，而汉人妇女仍以上衣下裙为时尚。清中期，满汉各有仿效；乾隆、嘉庆以后，不少旗女仿效汉服，在原来窄长的衣衫外面加上宽大袖子的马褂，或加宽衫袍的衣袖，并学缠足等陋习，引起嘉庆帝和道光帝动怒，连续下谕禁止，并申明满洲八旗、蒙古、汉军督统、副督统随时详查，违者治罪，一并严惩绝不宽大。到了清代后期，满族效仿汉族的风气更盛，甚至出现了"大半旗装改汉装，宫袍截作短衣裳"的情况；而汉族仿效满族服饰的风气，也于此时在一些达官贵妇中流行起来。

旗袍是我国一种富有民族风情的妇女服装，由满族妇女的长袍演变而来。由于满族称为"旗人"，故将其称之为"旗袍"。满族妇女的旗袍，早期是宽宽大大的，后来才变成了有腰身，窄而瘦长，圆领、大襟，袖口平大，长可掩足，外面往往罩短的或长及腰间的坎肩。贵族妇女的长袍，多用团龙、团蟒的纹饰，一般则用丝绣花纹。袖端、衣襟、衣裾等镶有各色花绦或彩牙儿。满族妇女旗袍还时兴"大挽袖"，袖长过手，在袖里的下半截，彩绣以各种与袖面绝不相同颜色的花纹，将它挽出来，以显示另种风致和美观。领与袍分离，是清代初期旗袍的又一特色。妇女穿旗袍时也需戴领子。这是一条叠起约二寸左右宽的绸带子，围在脖上，一头掖在大襟里，一头垂下，如一条围巾。至同治、光绪时期，逐渐出现带领的袍、褂，甚至坎肩也有领子。领的高低也在不断变化。民国以后，已经没有不带领的袍、褂了。

旗袍或短装有琵琶襟、大襟和对襟等几种不同形式。与其相配的裙或裤，以满地印花、绣花和裥等工艺手段作装饰。襟边、领边和袖边均以镶、滚、绣等为饰，史书记载，镶滚之费更甚，有所谓白旗边，金白鬼子栏干、牡丹带、盘金满绣等各色，一衫一裙镶滚之费加倍，衣身居十之六，镶条居十之四，衣只有六分绫绸，新时离奇，变色以后很难拆改。又有将羊皮做袄反穿，皮上亦加镶滚，更有排须云肩，冬夏各衣，均可加工。

旗袍也深受汉族妇女的喜爱，并且经过改进，比满族的女装旗袍更加宽大。随着时代的发展和社会的进步，旗袍也在演变。经过加工曲线突出修长秀丽的旗袍，已经演变为汉族妇女的主要服装，成为了汉民族的服饰代表，恰当显示了东方女性的温柔与内涵，既隐藏重点又展示诱惑的作风，具有永恒存在的价值。

氅衣为清代的妇女服饰，氅衣与衬衣款式大同小异。衬衣为圆领、右衽、捻襟、直身、平袖、无开裾的长衣。氅衣则左右开衩开至腋下，开衩的顶端必饰有云头，且氅衣的纹样也更加华丽，边饰的镶滚更为讲究。纹样品种繁多，并有各自的含义。大约在咸丰、同治期间，京城贵族妇女衣饰镶滚花边的道数越来越多，有"十八镶"之称。这种装饰风尚，一直到民国期间仍继续流行。

清朝初年，汉族妇女的服装仍如明末。经过不断的演变，终于形成一代特色。清代女装与男服相比变化较少。后妃命妇所用的是凤冠霞帔，普通妇女除婚嫁及入殓时"借穿"一下之外，其他场合以披风、袄裙作为礼服。

披风是外套，作用类似男褂，形制为对襟，大袖，下长及膝。披风装有低领，有的点缀着各式珠宝。

里面为上袄下裙。裙、衫的长短搭配也时有变化。清初时仍沿袭明嘉靖以来的遗风，上衣较长，裙子露出较短，不遮双足，有凤尾裙、月华裙等式样；随时代推移，裙式也不断发展，创制不少新式裙样，如一种"弹墨裙"，也叫"墨花裙"，是在浅色绸缎上用弹墨工艺印出黑色小花，色调素雅，很受妇女喜爱。后来也有在裙上装饰飘带的，有在裙幅底下系小铃的，还有一种在裙下端绣满水纹的，裙随人体行动，折闪有致，异常美观。晚清以后，衣与裙渐短，衣长至胯，裙在脚面以上；辛亥革命后，变化更大，尤其知识妇女多着圆翘小袄，配以长褶裙，颜色协调，显得端庄大方，清秀淡雅。清代后期，南方又流行过不束裙而着长裤，裤多为绸缎制作，上面绣有花纹。

另外，还有背心，长可及膝下，多镶滚边。冬季所穿皮衣，有的将里面的毳毛露在外面，叫"出锋"。清代中期以后，妇女冬季流行披斗篷，还有采自西式的大衣，也有沿用明代云肩的。

清代各时期流行的女装有如下一些款式：

康熙年间，贵族妇女流行一种身着黑领金色团花纹或片金花纹的褐色袍，外加浅绿色镶黑边并有金绣纹饰的大褂。襟前有配饰，头上梳大髻，也有包头巾样式。侍女是着黑领绿袍，金纽扣，头上饰翠花，并有珠珰垂肩。

乾隆年间，妇女流行着镶粉色边饰的浅黄色衫，外着黑色大云头背心。裙边或裤腿镶有黑色绣花栏杆，足着红色弓鞋。也有着朱衣，袖边镶白缎阔栏杆，足着红色绣花鞋。也有的着镶有黑边饰的无领宝蓝色衣者，襟前挂香牌一串，纽扣上挂时辰表、牙签、香串等小物件。也有的在衣服外面结橘黄色带子，垂在腰胯两侧与衫齐，带子的端头有绣纹。也有的着白纱汗衫，黑裤红腰带、红肚兜，鞋后跟有提舌。

嘉庆、道光年间，女子多着低领蓝衣紫裙，裙子镜面和底边均镶黑色绣花栏杆，袖口镶白底全彩绣牡丹阔边。也有的袖口和衣服裙子镶阔栏干，裙带垂至膝下，肩有镶滚云肩。也有的着团花绿衣浅红色裙，裙的镜面上绣少许折枝花数朵，披云肩垂流苏。由于通商口岸的设立，开始有了中外之间的商品交流，使得新材料新花样慢慢出现，两广和苏杭一带成为"时式新装"的发源地；道光之后花样越出越新，但是新时兴的服装式样虽多，却只能在贵族之间流行，平民不能随意模仿。

同治年间，流行蓝缎地镶阔边的绸裤带，带宽一丈或数丈，带端有绣纹。无论着裙着裤均有系带的习俗。腰带系后垂至膝下为尚。时兴的"鱼鳞百褶裙"，是对传统百褶裙的发展，即在裙子折裥之间用丝线交叉串联，裙在展开时犹如鱼鳞一般，新颖多彩。

光绪中期，妇女衣裙渐短，袖子渐宽，带长过膝露出约一尺有余，走动时随风飘摆，也有将流苏缝于带端，摆动时呈现异样效果。服色以选用湖蓝、桃红为多，也有宝石蓝和大红等色。

光绪末年，妇女的衣服身长过膝，采用大镶滚装饰，裙上有时加十六条至二十条飘带，每条带尾系上银铃，步行时有响声，甚为风趣。衣襟前挂有金或银制的装饰物，如耳挖子、牙剔子、小毛镊子等。有的还挂有梅檀一类的装有香料的小香囊。也有的系着内装香脂粉的绸缎或缂丝制成的小镜袋。与此同时，上海流行一种新装，这种新装不但在袖边，也在臂肘上饰以镶滚，衣服较之前窄且长，裤子也相应地窄了一些。并配以三对至四对手镯。如此新装，确实将妇女们的形象装扮得更加清秀和娴静。这种在原有基础上稍加变化的新形式，在当时就是时髦的新潮装。

清末流行衣袖里面装假袖口，少时一二幅，多时二三幅。这种装束，一则为了显示身份和富有；二则为加强旗装封闭形式的风格特色。假袖口不但用料考究，装饰布局也追求与旗袍相同，由此整体服饰更增加了华丽的效果，也加强了装饰的层次感。假袖口一层层连接起来，显现出窄袖的修长感觉。

宣统至民国初年，妇女的衫裤比光绪末年更窄小，衣领却增高，甚至可以掩住面颊，如同马鞍形状。这个时期的镶滚装饰较之前简单得多，但襟前仍然系挂装饰物。

汉族妇女的缠足之风到了清代尤为盛行。汉族妇女以穿弓鞋为多。

满族妇女不缠足。穿旗装时所配的木底丝鞋极有特色。以木为底，鞋底极高，故称"高底鞋"，类似今日的高跟鞋，但"高跟"在鞋中部。一般高一二寸，以后有增至四五寸的，上下较宽，中间细圆，形似花盆，故名"花盆底"。踏地时印痕成马蹄形，故又称"马蹄底"。

鞋面多为缎制，用刺绣绣有花样或穿珠作为装饰，鞋跟都用白细布裱蒙，鞋底涂白粉，富贵人家妇女还在鞋跟周围镶嵌宝石。这种鞋底极为坚固，往往鞋已破毁，而底仍可再用。新妇及年轻妇女穿的较多，一般小姑娘至十三

此图为满族妇女所穿的高底旗鞋

四岁时开始用高底。清代后期，着长袍穿花盆底鞋，已成为清宫中的礼服。

慈禧太后穿的高底鞋，把鞋头做成一个凤头形，嘴衔珠穗，称为"凤头鞋"。

 3. 军服与丧服

清代的甲胄与前代均有所不同，虽也按上衣下裳分开，总的来说仍依传统形制，但其配置与满族旗装紧密相连。清代一般的盔帽，无论是用铁或用皮革制品，都在表面髹漆。盔帽前后左右各有一梁，额前正中突出一块遮眉，其上有舞擎及覆碗，碗上有形似酒盅的盔盘，盔盘中间竖有一根插缨枪、雕翎或獭尾用的铁或铜管。后垂石青等色的丝绸护领，护颈及护耳，上绣有纹

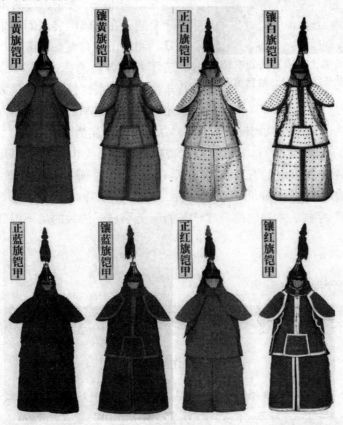

清代八旗铠甲

样，并缀以铜或铁泡钉。

铠甲分甲衣和围裳。军中将领的服式是，上身甲衣以马褂为基本式样，衣身宽肥，袖端是马蹄袖，甲衣肩上设有左右两块用带联系的护肩，腋下有护腋，胸前后背各有一块金属护心镜，镜下前襟底边有一块梯形的护腹"前挡"，左边缝上同样的一块"左挡"。右侧不佩挡，留作佩弓箭囊等用。

军服的下身是"裳"，此"裳"由于不是筒形，而是左右两片，故用围穿形式，称为"围裳"。围裳分为左、右两幅，穿时用带系于腰间。在两幅围裳之间正中处，覆有一块质料相同、绣有虎头的蔽膝。此外镶边还代表了八旗各自的标志。这种八旗甲胄，用皮革制成。后来这种甲胄仅供大阅兵时穿用，平时则收藏起来。清代除满八旗外，在

意大利传教士、清宫廷画家郎世宁绘《乾隆戎装像》，故宫博物院藏。

蒙古设蒙古八旗，在汉族设汉八旗，参加大阅兵的实为二十四旗。

士兵的戎服要简单得多。冠饰有暖帽、凉帽、头巾和毡帽等几种。上身穿对襟无领上袖短袍，下身穿中长宽口裤，上衣外面一般还要罩一件背心。背心上胸背各缝一个圆圈，圈内书写一个标志字样。步兵的标志是"兵""队""勇"字样，水兵的襟前缝"某船"等字样。清兵的足下以绑腿、鞋或短靴相配。

知识链接

郎世宁

郎世宁（1688—1766 年），原名朱塞佩·伽斯底里奥内，意大利米兰

人。青年时期受到系统的绘画训练，年轻的时候就加入了耶稣会。在他二十多岁的时候（1714 年，即康熙五十三年）以传教士的身份远渡重洋，到达当时被葡萄牙占领的澳门。上岸后，朱塞佩·伽斯底里奥内学习中国的礼仪，熟悉中国的文化，并取了个中国名字叫郎世宁。不久，他从澳门转到广州。当时的广东巡抚知道来华的欧洲人中有位画家，就上奏康熙皇帝，康熙皇帝很高兴，下旨请他到北京来。郎世宁到了北京之后很快进入宫廷，成为一名很重要的宫廷画家。直至去世，他的后半辈子都是在中国度过的。他为康、雍、乾三代清朝皇帝画了多幅表现当时重大事件的历史画，以及众多的人物肖像、走兽、花鸟画作品，还将欧洲的焦点透视画法介绍到中国，协助中国学者年希尧完成了叙述这一画法的著作《视学》，并曾参加圆明园西洋楼的设计工作，成为当时东西方文化交流中的重要代表人物。1766 年 7 月 16 日（清乾隆三十一年六月初十），郎世宁在北京病逝，终年78 岁，安葬在北京欧洲传教士墓地（现在北京行政学院与中共北京市委党校院内）。

清代中后期，由于久无战事，天下太平，统治集团上层日益骄奢淫逸起来，再加上故步自封、闭关自守的封建意识作祟，居然坚持"骑术乃满洲之根本"的愚蠢政策，放弃对现代科学技术和兵器的研制，使国防力量迅速衰弱。当西方列强的大炮轰开清帝国的大门时，满清军队几乎无还手之力。中国成了西方的半殖民地，几千年来的文化和科学优势丧失殆尽。在这种情况下，满清统治集团中出现的"洋务派"，倡导按照西方军队的样式编练新军，这些新军的建制和训练、武器和装备、兵种和军服都参照欧洲各国。尽管新军军服虽然仍然掺杂很多旧色戎服，但无疑是中国近代军服的开始。旧式戎服从历史舞台上完全消失，则是在满清皇朝被推翻以后。

清代丧服可分两种：一种是后辈人为将逝的长者预制的"寿衣"；一种是在丧礼上人们的着装。官者服用"寿衣"是按品级穿戴，平民则用大褂。出

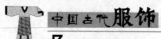
席葬礼者要按照月份分别服生麻布、熟麻布、粗白布、细白布、麻冠、麻履、草履、素履等丧服。在着丧服期间女人不得戴有色鲜花，不可涂抹脂粉，也不得穿丝绸衣服，不得使用鲜艳色彩，只准采用白、灰、黑、蓝几色。这些是丧礼的一般规定，根据地区习惯还另有不同。南方比较遵守汉族的古礼，比如女人用粗衣时边缘不缝，腰下系麻裙，头上用一条麻布缝缀一侧，呈风帽形状，戴帽后布的两端一边长一边稍短；北方则受满族丧俗影响较大，比如将白布纽结包在头上，在不缀边线的粗衣下面用白布包鞋，留有鞋跟，父辈留黑色跟，祖辈留红鞋跟，等等。

图片授权

全景网

壹图网

中华图片库

林静文化摄影部

敬　启

　　本书图片的编选，参阅了一些网站和公共图库。由于联系上的困难，我们与部分入选图片的作者未能取得联系，谨致深深的歉意。敬请图片原作者见到本书后，及时与我们联系，以便我们按国家有关规定支付稿酬并赠送样书。

　　联系邮箱：932389463@qq.com

参考书目

1. 刘永华著．中国古代军戎服饰．北京：清华大学出版社．2013.

2. 戚嘉富编著．青少年读图百科·古代服饰．长沙：湖南美术出版社．2013.

3. 沈周编著．中国红·古代服饰．北京：时代出版传媒股份有限公司．2012.

4. 沈从文编著．中国古代服饰研究．上海：上海书店出版社．2011.

5. 周锡保著．中国古代服饰史．北京：中央编译出版社．2011.

6. 李玉琴著．藏族服饰文化研究．北京：人民出版社．2010.

7. 新疆维吾尔自治区博物馆编．古代西域服饰撷萃．北京：文物出版社．2010.

8. 张志春著．中国服饰文化．北京：中国纺织出版社．2009.

9. 江冰著．中华服饰文化．广州：广东人民出版社．2009.

10. 赵连赏．中国古代服饰图典．昆明：云南人民出版社．2007.

11. 戴钦祥等著．中国古代服饰．北京：商务印书馆．2007.

12. 华梅著．古代服饰．北京：文物出版社．2004.

13. 周汛等著．中国古代服饰风俗．西安：陕西人民出版社．2002.

14. 周锡保著．中国古代服饰史．北京：中国戏剧出版社．2002.

中国传统民俗文化丛书